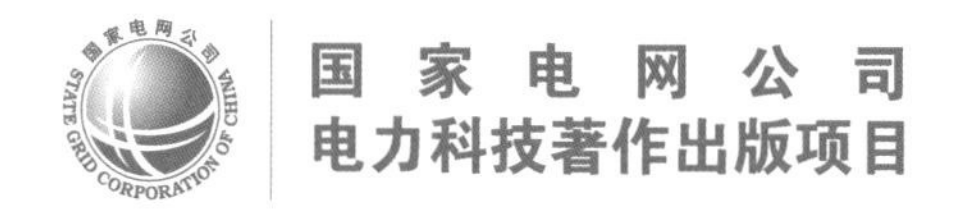

高海拔超高压电力联网工程技术

岩土工程勘察及其应用

国家电网有限公司　组编

内 容 提 要

为全面总结自主研发、自主设计和自主建设的青藏、川藏和藏中电力联网工程的创新成果及先进经验，全方位体现高海拔超高压电力联网工程的关键技术和创新成果，特组织编写了《高海拔超高压电力联网工程技术》丛书。本套丛书主要以藏中电力联网工程为应用范例编写，包括四个分册，分别为《岩土工程勘察及其应用》《输变电工程设计及其应用》《长链式联网工程系统调试》《藏区变电站建筑风格》。

本分册为《岩土工程勘察及其应用》，包括概述、高海拔场地工程地质条件、岩土工程分析与评价、特殊工程地质问题专项研究、特殊地段塔基岩土工程设计优化、高海拔输电线路岩土工程勘察要点六章。

本套丛书可供从事高海拔地区超高压输变电工程及其联网工程勘察设计、建设施工、调试运行等相关专业的技术人员和管理人员使用。

图书在版编目（CIP）数据

高海拔超高压电力联网工程技术. 岩土工程勘察及其应用 / 国家电网有限公司组编. —北京：中国电力出版社，2021.10

ISBN 978-7-5198-5393-8

Ⅰ. ①高… Ⅱ. ①国… Ⅲ. ①高原–超高压电网–电力工程–岩土工程–工程地质勘察 Ⅳ. ①TM727

中国版本图书馆 CIP 数据核字（2021）第 032894 号

出版发行：中国电力出版社
地　　址：北京市东城区北京站西街 19 号（邮政编码 100005）
网　　址：http://www.cepp.sgcc.com.cn
责任编辑：翟巧珍（806636769@qq.com）　王　南（010-63412876）
责任校对：黄　蓓　朱丽芳
装帧设计：张俊霞
责任印制：石　雷

印　　刷：北京博海升彩色印刷有限公司
版　　次：2021 年 10 月第一版
印　　次：2021 年 10 月北京第一次印刷
开　　本：787 毫米×1092 毫米　16 开本
印　　张：9.25
字　　数：153 千字
定　　价：100.00 元

《高海拔超高压电力联网工程技术》

编　委　会

《岩土工程勘察及其应用》编审组

主　　编　王抒祥

常务副主编　李　俭

副 主 编　蔡德峰　张明勋　张亚迪

编写人员　樊柱军　黄　锋　张　浩　王克东　李晓强
王占华　韦启珍　孙庆雷　高建伟　刘　杰
赵永刚　彭宇辉　孙文成　王　赞　丛　鹏
刘振涛　甘　睿　车　彬　夏拥军　周　泓
蔡绍荣　徐　健　李万智　刁学农　宓士强
李　彬　游　川　邢丙师　李文斐　尉　涛
汪　蔓　更　增　陈　钊　喻正春　曹永辉

审核人员　陈　钢　周　林　周　全　张希宏　程东幸
涂新斌　张　强　李　明　张友富　苏朝晖
吴至复　甘　羽　李东亮　李明华　季　旭
蓝健均　王文周　黄华明　胡　昕　鄢治华
徐正元　任志善　王彦兵

前言

青藏高原是中国最大、世界海拔最高的高原，被称为“世界屋脊”，在国家安全和发展中占有重要战略地位。长期以来，受制于高原地理、环境等因素，青藏高原地区电网网架薄弱，电力供应紧缺，不能满足人民生产、生活需要，严重制约地区经济社会发展。党中央、国务院高度重视藏区发展，制定了一系列关于藏区工作的方针政策，大力投入改善藏区民生，鼓励国有企业展现责任担当，当好藏区建设和发展的排头兵和主力军。

国家电网有限公司认真贯彻落实中央历次西藏工作座谈会精神，积极履行央企责任，在习近平总书记“治国必治边、治边先稳藏”的战略思想指引下，于“十二五”“十三五”期间，在青藏高原地区连续建成了青藏、川藏、藏中和阿里等一系列高海拔超高压电力联网工程，彻底解决了藏区人民用电问题，在能源配置、环境保护、社会稳定、经济发展等方面发挥了巨大的综合效益，直接惠及藏区人口超过300万人。

高海拔地区建设超高压输变电工程没有现成经验，面临诸多技术难题。工程建设者科学认识高原复杂性，坚持自主创新应对高原电网建设挑战，攻克了一系列技术难关，填补了我国高海拔输变电工程规划设计、设备制造、施工建设、调试运行等技术空白，创新研发了成套技术及装备，形成了高海拔工程技术标准，指导工程安全建设和稳定运行，创造多项世界之最。

为系统总结高海拔超高压输变电工程技术方面的经验和成果，国家电网有限公司组织上百位参与高海拔超高压电网建设的工程技术人员，编制完成了《高海拔超高压电力联网工程技术》丛书。该丛书全面、客观地记录了高海拔超高压电网工程的主要技术创新成果及应用范例，希望能为后续我国藏区电网建设提供指导，为世界高海拔地区电网建设提供借鉴，也可为世界其他高海拔地区大型工程建设提供参考。

本套丛书分为 4 个分册，分别为《岩土工程勘察及其应用》《输变电工程设计及其应用》《长链式联网工程系统调试》《藏区变电站建筑风格》，由国家电网有限公司西南分部牵头组织，中国电力工程顾问集团西北电力设计院有限公司、中国能源建设集团湖南省电力设计院有限公司、国网四川省电力公司电力科学研究院等工程参建单位参与编制，电力规划设计总院、中国电力科学研究院有限公司、国网经济技术研究院有限公司、中国电力工程顾问集团西南电力设计院有限公司、国网西藏电力有限公司等单位参与审核，共约 90 余万字。本套丛书可供从事高海拔地区超高压电网工程及相关工程勘察设计、施工、调试、运行等专业技术人员和管理人员使用。

本套丛书的编制历时超过三年，凝聚着编审人员的大量心血，过程中得到了电力行业各有关单位的大力支持和各级领导、专家的悉心指导，希望能对读者有所帮助。电力工程技术是在不断发展的，相关实践和认知也在不断深化，书中难免会有不足和疏漏之处，敬请广大读者批评指正。

编　者

2021 年 7 月

目录

第一章 概述

我国高海拔地区主要包括西藏、青海、四川阿坝州与甘孜州、云南西部等青藏高原腹地及边缘地区。这些地区位于我国西南边陲，幅员辽阔，自然资源丰富，经济社会发展在我国发展大局中具有十分重要的战略地位，促进该地区跨越式发展，提高当地人民的生活水平，有助于更好更快地带动西部地区经济发展，促进西部国防建设，实现社会稳定和长治久安的战略目标。

进入新时代以来，中央召开了多次西部地区工作座谈会，习近平总书记将西藏等高海拔地区经济社会发展提升到实现中华民族伟大复兴的战略高度，为高海拔区域协调发展指明了方向。在中央工作座谈会会议精神的指引下，高海拔地区电力事业迎来了蓬勃发展。为支持高海拔地区电力事业的发展，国家电网有限公司在藏区布局了系列重大超高压电网工程，2011 年底青藏电力联网工程竣工投运，2014 年 11 月川藏电力联网工程正式投运，2018 年 11 月藏中电力联网工程建成投运。

第一节　高海拔地区自然环境特点

一、地理环境

青藏高原是中国面积最大、世界海拔最高的高原，被称为“世界屋脊”，是南极、北极之外的“地球第三极”。青藏高原总地势由西北向东南倾斜，地形复杂，有高峻逶迤的山脉，陡峭深切的沟峡及冰川、裸石、戈壁等多种地貌类型，平均海拔超过 4000m，有多座海拔 6000～8000m 的山峰，是世界上最年轻的高原。在中国地势西高东低的三级阶梯中，青藏高原处于最高一级，是亚洲许多大江大河的发源地，被誉为“亚洲水塔”。

在地质演变过程中，青藏高原从北向南逐步海退成陆，北面的昆仑山最早成陆，随后是中部的喀喇昆仑山、唐古拉山和冈底斯山、念青唐古拉山成陆，南部藏南谷地和喜马拉雅山区则最晚成陆。

第四纪以来，新构造运动强烈，青藏高原南部、东南部是地震频繁的地区，地壳抬升一直延续至今。在青藏高原边缘普遍存在由于地势抬升而形成的深切河谷，河流纵剖面有多个显著的跌水陡坎，即地貌学上的裂点，是河流侵蚀强度变化的标志。由于河流多次下切，形成谷中谷，即河谷中间套着河谷。此外，寒旱化趋势增强、湖泊消退、水系变迁、高原内部夷平、高原外部地形陡降、土壤剖面分化简单、矿物风化程度浅等特点，都显示青藏高原自然地理过程的年轻性。

二、气候特点

青藏高原局部地形的差异，打破了地球陆面自然地域纬向分异的一般规律和分布格局，除金沙江、澜沧江河谷地带外，区域内亚热带气候已荡然无存，大部分地区随着海拔和纬度的增加，依次出现山地亚热带、山地暖温带、高原温带、高原寒温带、高原寒带和永冻带等气候带，形成了“一山有四季、十里不同天”的垂直分带性特征。

在冬季西风和夏季西南季风的交替作用下，高海拔地区的干季和雨季分明，一般每年 10 月～翌年 4 月为干季，5～9 月为雨季，雨季雨量占全年降水量的 90%左右，东南部开始较早结束较晚，西北部开始较迟结束较早。

高海拔地区降水日变化特点是多夜雨，20 时～翌日 8 时的降水量为夜雨量，占总雨量的百分比称作“夜雨率”。藏北、藏东夜雨率在 60%～70%。在一些宽阔的河谷中，如拉萨河谷的拉萨、年楚河谷的日喀则，夜雨率则超过 80%。除大气环流外，受到局部地形条件的影响，藏南和藏北气候差异较大，藏南谷地受印度洋暖湿气流的影响，温和多雨，年平均气温 8℃，最低月均气温－16℃，最高月均气温 16℃。

随着海拔增高、气压降低、空气密度减小，每立方米空气中的氧气含量逐渐递减，当海拔 3000m 时约为海平面的 73%，当海拔 4000m 时为 62%～65.4%，当海拔 5000m 时为 59%左右，当海拔 6000m 以上时则低于 52%。长期生活在平原地区的人初到高海拔山区时，常感到气喘、心跳、胸闷、头晕、恶心、失眠和消化不良，这是对高原地区空气稀薄、气压低、氧气少不适应而产生的“高原反应”。

三、水系特征

青藏高原河流众多，具有典型的高原河流特征，河流的形成与地质构造有密切的关系。青藏高原在地质历史上经历了海西期、印支期、燕山期和喜马拉雅期的多次构造运动，使高海拔地区不断脱离海侵，由北向南逐渐形成了昆仑山、喀喇昆仑山、唐古拉山、冈底斯山、念青唐古拉山和喜马拉雅山脉。这些山脉纵横交织在高原上，山脉之间经雨水、冰雪融水和地下水等常年不断地冲刷、侵蚀、滞留，形成了众多的江河和湖泊。藏东南和藏东地区河网密度大，越往西北河网密度越小。

高原上的河流受新构造运动影响，河流发育过程中塑造成独特的形态特征。在高原隆起以前，河流已进入河道弯曲、分叉、河床宽坦的老年阶段。随着青藏高原大幅隆起，来不及向下侵蚀，老河床的宽谷形态原封不动地被保存下来。与此同时，引起高原边缘地带地形侵蚀回春现象。形成坡陡流急、险滩栉比、峡谷相连的地貌特征。

高海拔山区河川径流有雨水、冰雪融水和地下水三种补给形式，冰雪融水和地下水补给量在河川径流中比重较大，是高海拔山区河流的一个重要特点。根据河川径流补给形式，大体上可划分为：西部、北部以地下水补给为主；中部、南部以雨水补给为主；帕隆藏布及喜马拉雅山麓的河川径流以冰雪融水补给为主；东部大江为混合型补给；中小河以雨水补给为主。雨水补给型为主的河流随季节水量变化较大，地下水补给型河流水量比较稳定，冰雪融水补给型和混合型河流水量年际变化小。

河流每年 4～5 月涨水，7～8 月达到最大，然后逐渐下降，汛期在 6～9 月，汛期水量占全年的 60%以上。11 月～翌年 4 月为枯水期，月平均水量不到全年的 5%，其中 2 月最小，占全年的 1%～2%。

第二节　高海拔线路勘察难点与重点

与内陆低海拔地区一般线路勘察相比，高海拔的地质条件更加复杂、气候环境更加恶劣、生态环境更加脆弱，因此高海拔线路工程勘察有其自身的特点。

一、工程勘察难点

（1）海拔高、高差大、自然环境复杂。高海拔线路工程大部分处于高山峻岭地带，地形起伏剧烈，沟谷纵横，斜坡陡峻，海拔一般在2500～4500m，部分可达5500m，线路相对高差达1500～2000m，地形坡度一般在35°～65°，部分地区降雨充沛，冰川运动活跃，地质灾害频发。例如，川西北—昌都—林芝—波密—拉萨等国道G318沿线自东往西穿越横断山脉、念青唐古拉山和喜马拉雅山等三大山系，跨越金沙江、澜沧江、怒江、雅鲁藏布江四大水系，地形起伏大，高差近3000m，是目前高海拔电网工程自然条件最复杂的地区。

（2）作业条件差，建设安全风险高。高海拔地区低气压、缺氧、严寒、大风、强辐射和高原疾病多发等，工程建设人员安全风险等级高。

（3）生态环境脆弱，环境保护和水土保持要求高。

（4）线路跨越区域基础地质研究程度低，参考资料少。

（5）高海拔地区作业，建设管理和后勤医疗保障难度大。高海拔地区线路工程建设，尤其是线路勘测，区域分散，线路长，组织策划工作、后勤保障与服务难度大；局部地区人烟稀少，生活物资稀缺，供给难度大；区域内受高山峡谷地形限制，交通条件差，人员、设备运输和交通极为困难，勘测工作需克服的难题较多。

二、工程勘察重点

鉴于高海拔线路工程地质地形条件的复杂性，岩土工程勘察与常规线路勘察相比，除具有一定的共性外，还具有自身的特殊性。

（1）常规岩土工程勘察。高海拔地区中的山间河谷、高原丘陵、山前平地等场地属于常规岩土工程勘察范畴，其岩土工程勘察重点主要是选择岩土整治相对容易的塔基位置，采用适当的勘察手段或勘测方法逐基进行勘测、勘察。勘察的主要任务是查明各塔基的地形地貌特征、地层岩体分布、岩土性质特点、不良地质作用、地下水埋藏条件；调查沿线地下水的埋藏深度、变化幅度，确定地下水、地基土对建筑材料的腐蚀性，并对其可能产生的影响进行评价；分析塔基适宜的基础结构类型和环境整治方案并提出建议。

（2）特殊工程地质问题专题研究。高海拔线路工程常处于亚欧板块活动最强烈、断裂构造最发育、地震活动最频繁的地区之一。这些地区具有海拔高、落差大的独特地貌，受卸荷作用和构造活动影响，岩体破碎；水文气象条件复杂多变，物理风化、化学风化强烈，岩石强度低；在地壳内生动力和外部营力的作用下，滑坡、崩塌、泥石流等地质灾害频发，是我国乃至全球有名的地质灾害高易发区。以国道G318沿线线路工程为例，线路所在的三江并流—雅鲁藏布江等东西纵横1000km的地区，分布着金沙江—澜沧江—怒江等深切大峡谷两岸巨厚层的堆积体滑坡、深厚层的卸荷松动带，米堆冰川作用的高陡斜坡，波密通麦天险的泥石流群和滑坡群，林芝雅鲁藏布江（简称雅江）两岸的风积沙坡等特殊工程地质问题。

高海拔线路工程存在特殊的地质条件和复杂工程地质问题，对线路工程的安全提出新的挑战，常规的岩土工程勘察已不能有效满足工程需要，需要采用专项研究手段解决影响路径和塔基的安全隐患，保证高海拔超高压电网工程的设计质量、施工安全和可靠运行。

第三节　高海拔地区岩土工程勘察方法与设计应用

一、勘察方法

高海拔地区线路工程勘察采用遥感解译、工程地质调绘、地球物理勘探、工程地质钻探（包括机械钻探和人工小钻）、坑（槽）探及无人机航测遥感等技术方法，各技术方法特点如下所述。

（一）遥感解译

高海拔线路工程滑坡、泥石流等地质灾害常见，地形复杂，常规的调查手段难以满足工程质量、工期的要求，工程勘察中广泛采用卫星遥感技术。

卫星遥感技术是指远距离遥控指定飞行器，利用可见光、微波等探测方式对特定目标扫描、摄像和信息感应，识别和获取特定对象周围环境及活动状态的综合技术。在实际应用过程中，能够从地面到高空，以不同维度和方式来进行特定对象的观测。通过对遥感影像处理，对地形地貌、地质构造、活动断裂、外动力地质现象等进行解译，排龙段遥感影像如图 1.3－1 所示。尤其对不良地质现象进行高精度解译，准确定位，划分影响范围，并根据危险性等级分区，为线路路径选择、塔位稳定性评价提供初步依据。

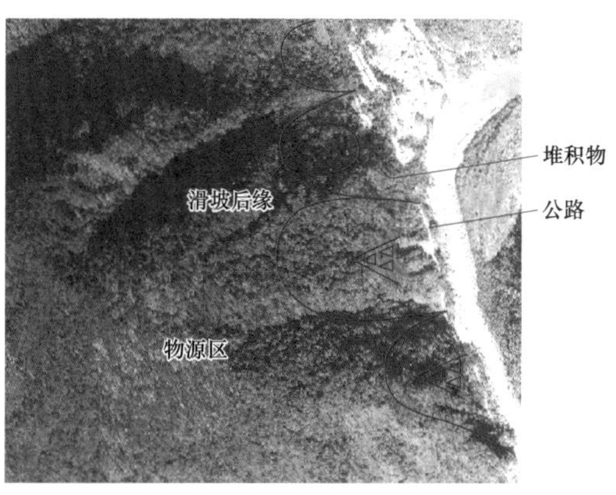

图 1.3－1　排龙段遥感影像

（二）工程地质调绘

终勘定位前，对线航及其附近范围内存在的重要不良地质作用点（段）进行调查和测绘，查明不良地质作用的危害、规模，为塔基的最终定位提供资料，为特殊地段调整线路路径提供依据。

终勘定位时，对路径沿线进行地质调查和走访，核实并确定线路路径的地形地貌、地层结构与岩土性质、不良地质作用、特殊性岩土、地下水、矿产文物的分布等特征，确保线路终勘定位科学合理、提资详实可靠。塔位工程地质调查或测绘工作范围不小于 100m×100m，内容包括：① 塔位场地稳定性、不良地质作用及地质灾害影响；② 塔基岩土结构。

（三）地球物理探测

通过地球物理探测可了解隐蔽的地质界线、界面或异常点。由于组成地壳的不同岩层介质的密度、弹性、电导性、磁性、放射性及热导性等物理参数存在差异，通过量测这些物理参数引起的物理场分布和变化特征，可以推断地质体的性状。与钻探相比，地球物理勘探方法兼有探测与试验两种功能，具有设备轻便、成本低、效率高、工作空间广等优点。由于不能取样直接观察，因此需要与钻探配合使用。

（四）工程地质钻探

工程地质钻探是工程地质勘察工作中获取地下准确地质资料的重要方法，通过钻孔采取原状岩土样和现场原位测试试验也是工程地质钻探的任务之一。工程地质钻探包括机械钻探和洛阳铲、麻花钻等方法。河流阶地、河漫滩地段适用机械钻探。钻探设备和钻孔岩芯分别如图 1.3－2 和图 1.3－3 所示。

图 1.3－2　钻探设备

高海拔线路工程穿越崇山峻岭，传统钻机在高海拔地区效率低下，设备甚至无法到位，背包式（便携式）钻机可以解决以上问题，且技术上满足要求。使用背包式钻机可以查清地基土分布、覆盖层厚度、基岩强风化深度及其破碎程度，从而确定塔基基础类型。背包式钻机的使用能够解决高山大岭难以钻探的问题，提高钻探功效，节省成本，缩短工期，提高勘察质量；同时能显著减少植被破坏，并保护环境。背包式钻机工作现场作业如图 1.3－4 所示。

图 1.3－3 钻孔岩芯

图 1.3－4 背包式钻机工作现场作业

在地质调查测绘过程中，可采用洛阳铲、麻花钻等人工小钻判定覆盖层（粉砂、粉土及黏性土）深度，塔位处使用洛阳铲及其打出的岩芯分别如图 1.3－5 和图 1.3－6 所示。

图 1.3－5　塔位处使用洛阳铲

图 1.3－6　洛阳铲打出的岩芯

（五）坑（槽）探

当钻探方法查明地层不经济或较困难时，可采用坑（槽）探。在地质调查测绘过程中，可采用坑（槽）探方法了解塔基覆盖层结构、岩性及其分布，如图 1.3－7 所示。

图 1.3－7　塔腿处探坑

（六）无人机航测遥感技术

无人机航测遥感技术是继飞机遥感、卫星遥感技术后发展起来的一项技术，其在输电线路工程中有着广泛应用。与卫星遥感相比，无人机综合成本低、性价比高、机动灵活。无人机航拍操作方便，易于转场、起飞降落受场地限制较小，稳定性、安全性好，极大减少作业人员现场勘察工作量。相比传统电力勘察方式，无人机可以在作业难度较大的崇山峻岭和深山老林、江河湖泊之间轻松实现作业，作业不仅更加高效、更加安全，而且在作业精度上，也逐渐实现了与专业摄像机相当的精度效果。利用无人机对高海拔线路工程进行航拍，也解决了散乱分布、小区域和带状测区图像采集的要求，能提高线路勘测设计效率，降低劳动强度，同时满足高海拔线路工程精细化、智能化建设的需求。无人机的使用及选线分别如图 1.3－8 和图 1.3－9 所示。

图 1.3－8 无人机使用

图 1.3－9 无人机选线

二、设计应用

高海拔地区特殊的地形地貌特征，导致输电线路走廊相对狭窄，且受到架空输电线路杆塔档距的限制，部分塔基将无法避绕或无法避免地立于工程地质条件复杂的地质单元体之上或附近。常见的问题包括：塔基位于古滑坡或滑坡堆积体上；塔基附近发育有大型泥石流；塔基位于特殊斜坡地段上，特殊斜坡地段包括不稳定斜坡、风积沙堆积体、碎石堆积体或冰水堆积物。针对这些特殊地质体上的塔位，岩土工程勘察要查明地质体基本要素和属性，向设计提供基础地质信息数据，从路径优化、基础方案、治理措施等方面实现设计应用目的。

（一）古滑坡或滑坡堆积体

高海拔山区输电线路一般采取避让的原则，尽量避开古滑坡或滑坡堆积体及其影响区域。对于确实无法绕避的滑坡，经技术经济比较，确有必要或可能处理时，应查明滑坡成因及形成机制，以便在制订治理方案时，对症下药。滑坡治理首先采取措施防治或消除控制边坡变形破坏的主要因素，然后再针对各次要因素，修建各种辅助治理工程或采取其他辅助治理措施。对输电线路工程具有威胁的滑坡，治理时原则上应做到彻底根治，以防后患。

滑坡常用防治措施有：① 阻排地表水及地下水，防止水的冲刷；② 通过削坡、减重反压、抗滑挡墙及抗滑桩等来改善滑坡力学平衡条件；③ 通过物理化学的方法，增强软弱夹层等滑带物质的物理力学性质，防止弱面进一步恶化，以提高滑坡的稳定性。

（二）泥石流

泥石流是高海拔地区常见的地质灾害之一。在高海拔线路路径的选择上，线路应绕避特大型泥石流、大型泥石流或泥石流群，以及淤积严重的泥石流沟并远离泥石流堵河严重地段的河岸；当跨越泥石流沟时，应绕避沟床纵坡由陡变缓处和平面上急弯部位，跨越杆塔不宜压缩沟床断面、改沟或沟中也不宜设置塔位。

泥石流防治措施有：① 通过植树造林、种植草皮等方式稳固土壤不受冲刷，达到水土保持的目的；② 通过削坡、挡土、排水等，防止或减少坡面岩土体或水参与泥石流的形成；③ 通过固床工程及调控工程进行坡道整治，以防止或减少沟底岩土体的破坏；④ 在泥石流沟中修筑各种形式的拦渣坝，拦截泥石流中的泥砂、石块等固体物质，减轻泥石流的动力作用；⑤ 在泥石流沟中修筑各种位于拦渣坝下游的低矮拦挡坝，减小泥石流规模；⑥ 在下游堆积区修筑排洪道、急流槽、导流堤等设施，以固定沟槽、改善沟床平面等。

（三）特殊斜坡地段

在高海拔地区，特殊斜坡包括不稳定斜坡、风积沙堆积体、碎石堆积体或冰水堆积物等。对于特殊斜坡地段，采用综合勘测手段以及定性和定量计算方法，综合评估场地的稳定性。

在高海拔线路路径的选择上，对于判定为“不稳定”或“欠稳定”场地，或加固处理难度大、费用高的塔基，提出采取塔基移位或线路改线措施；对于判定为“稳定”或“基本稳定”场地，或虽判定为“不稳定”或“欠稳定”场地，但加固处理难度不大的塔基，在一定范围内选择场地相对较优的地段作为立塔位置，推荐基础类型和基础持力层；对于存在局部稳定性或需整治的塔基，提出加固处理措施。

围绕高海拔地区特殊工程地质条件及不良地质作用，本书以藏中电力联网工程为例，从第二章至第六章，着重从高海拔场地工程地质条件、岩土工程分析与评价、特殊工程地质问题专项研究、特殊地段塔基的岩土工程设计优化及高海拔输电线路岩土工程勘察与思考展开论述，对高海拔线路工程的勘察方式、特殊地质问题及其解决方法进行总结，供同类型高海拔线路工程勘察参考借鉴。

第二章
高海拔场地工程地质条件

第一节　地质构造与地震地质

一、地质构造

印度大陆与欧亚大陆于新生代的碰撞造就了一个纵横数千千米的陆内变形带，青藏高原位于变形带核心。广义的青藏高原由两部分组成：一是位于中央的高原，西部海拔近 5000m，东部海拔近 4000m，称之为中央高原；二是环绕中央高原周边的造山带，起伏巨大的山脉，如喜马拉雅山、龙门山、阿尔金山、祁连山、昆仑山和横断山等，平均海拔大于中央高原。在地质上，两者统称为喜马拉雅—青藏高原造山带。

中央高原面积约 200 万 km^2，顶部平坦，平均坡度不超过 5°。高原北面是近东西走向的昆仑山，东面是北东到南西走向的龙门山，南面是近东西走向的喜马拉雅山，东南面是北东到南西走向的金河—箐河断裂。中央高原经历了复杂的构造演化过程后，分为 3 个构造单元，由北向南分别是松潘—甘孜—巴彦喀拉地块、羌塘地块和拉萨地块。南北边界均为板块缝合带，由北向南分别是阿尼玛卿缝合带、金沙江缝合带、班公湖—怒江缝合带和雅鲁藏布江缝合带。松潘—甘孜—巴彦喀拉地块由一套三叠系复理石建造组成，沉积在古特提斯海的东缘；羌塘地块主要由古生界岩石组成；拉萨地块的北部由一套可以与冈瓦纳大陆对比的古生界岩系组成，地块的南部侵入白垩纪花岗质岩浆岩，被第三纪火山岩覆盖，共同组成东西长上千千米的岩浆弧，即冈底斯岩浆岩带，形成于印度板块的俯冲、消减、重熔和碰撞。

中央高原的周边造山带均以挤压造山为特征，并伴随剥蚀。中央高原与这些造山带之间多数被走滑断裂分隔，其中有喀喇昆仑断裂、阿尔金断裂、东昆仑断裂和红河—哀牢山断裂等。现有资料表明，发生在高原边缘的挤压构造时间要远远滞后于碰撞时间。

高原的隆升始于中生代构造发展阶段的燕山期，地壳快速抬升，造成了澜沧江、怒江等强烈下切，新构造活动明显。三叠纪晚期印支运动和白垩纪末的燕山运动，使该区域由古海中褶皱隆起，从而奠定了横断山脉的骨架。强烈的垂直隆升是青藏高原最大的特征，其构造活动具有继承性和新生性，其主要特征有整体性隆升、差异性隆升、间歇性隆升。在新近纪末至第四纪初，新构造运动使地壳大幅整体抬升，伴随产生的强烈挤压和流水侵蚀作用，形成了高山峡谷地貌，地势陡峭，岭谷悬殊，山势雄伟。

喜马拉雅山脉的东端，为著名西喜马拉雅东构造结（南迦巴瓦帕特构造），横跨雅鲁藏布江缝合带。由于雅鲁藏布江缝合带绕喜马拉雅板片东端的南迦巴瓦峰形成弧形特征，因此地质构造异常复杂，是青藏高原隆升和剥蚀速率最快的地区。喜马拉雅结晶岩系与雅鲁藏布江缝合带之间的断裂带形成于这一时期。雅鲁藏布江缝合带是一个复杂的断裂构造带，主要标志是蛇绿混杂岩。

近东西向断裂构造主要为雅鲁藏布江断裂带，又称达吉岭—昂仁—仁布—朗县断裂带，达吉岭以西呈北西走向，沿雅鲁藏布江北岸经公珠错、噶尔河西南岸延出境外与印度河断裂相接，以东经昂仁、拉孜、白朗、仁布、泽当、加查、朗县近东西向展布，至米林后绕雅鲁藏布江大拐弯转折至墨脱，然后折向南东延至缅甸境内，全长约 2000km，规模巨大。断裂面总体倾向南，东段（朗县以东）倾向北—北西，倾角较陡（60°～70°）。断裂带宽数十米至百余米，带内发育断层泥、构造片理化带、碎裂岩、构造角砾岩等不同脆性碎裂岩系列，硅化、绿泥石化、蛇纹石化普遍，并常见石英脉沿裂隙充填，部分地段影响带可达数百米。断裂主要表现为向北逆冲的逆断层，以脆韧性—韧脆性为主。线路平行于构造形迹走线，影响塔位选择和抗震措施。近南北向断裂带分布有巴拉劣果—列木切断层、盈则—积拉断层、里龙断层和夺松—比丁断层 4 条规模较大的断裂，走向总体近南北，倾向西，断裂面中—陡倾角。断层延伸长约 48～80km，破碎带宽约 5～20m，多具正断层特征。里龙断裂新活动性明显，里龙镇附近第四系堆积物中可见明显断错现象。

二、地震地质

川、滇、藏交界地区位于世界性的地中海至喜马拉雅山大地震带，面对喜马拉雅山弧和交汇部位，地应力集中，能量在此聚积和释放，导致该地区地震频繁，地震强度大、频度高。历史上曾发生过多次强烈地震，如甘孜—玉树断裂北西段（邓柯段）在 1896 年发生了邓柯 7 级地震，现今可见的地震地表破裂长达 60km 左右；中段（马尼干戈段）

在 1260～1380 年发生过 8 级左右地震，许多地段地表破裂现今仍可辨认；南东段（甘孜段）在 1854 年发生甘孜 7 级及以上地震。巴塘断裂在 1870 年于巴塘曾发生过 7.25 级强震，随后在 1913 年、1923 年均发生过 5 级以上地震。区域内最强烈地震为 1950 年 8 月 15 日 22 时发生的 8.6 级地震，震中位于高海拔山区察隅、墨脱，并发生了 4.7～6.25 级余震 31 次。历史地震次数统计见表 2.1－1。

表 2.1－1　历史地震次数统计

震级	4.7≤M<5	5≤M<6	6≤M<7	7≤M<8	8≤M<9
地震次数	59	55	12	2	1

昌都地区记录到的最大地震是 1642 年洛隆西北 7.0 级地震，地震强度属于中等以上。自 1970 年以来昌都地区共发生 3 级以上地震 171 次，其中最大地震为 2000 年发生在洛隆附近的 5.7 级地震和 2007 年 5 月 7 日发生在昌都县康巴乡的 5.7 级地震。

芒康县属地震频发地区，地震强度较大、频度高，有文字记载的 5 级以上大地震有 7 次。

左贡县位于横断山脉，大地构造属三江弧形构造，地质构造复杂，地震活动频繁，但所发地震轻微，一般都在 5 级以下。

林芝地区新构造运动强烈，主要发震断裂带有雅鲁藏布江深大断裂、雅鲁藏布缝合带、嘉黎断裂带、扎龙断裂带等。其中，雅鲁藏布缝合带是区内最强烈的活动断裂带，1929～1965 年记录的 33 次强震中有 18 次发生于该带或其邻近外缘。最强的两次地震发生在墨脱西南和林芝米瑞，震级分别达 8.6 级和 7.25 级。

雅鲁藏布江中游人烟稀少，地震监测台站布设密度稀，历史地震记载年限短且不平衡。该区自有地震记载以来，共记录到面波震级 M_s≥8 级的地震 10 次，7.0～7.9 级地震 36 次，6.0～6.9 级地震 216 次，为青藏高原地震区内地震强度最大、频度最高的地区。

据《西藏地震史料汇编》记载，自 1900 年以来西藏经历了三个地震活动周期，每个活动周期约 30 年，目前第三活动期已进入尾声。地震活动多为浅源地震，在雅鲁藏布江两侧也有少量中源地震。地震分布的主要特点是成片状，喜马拉雅地区和雅鲁藏布江两侧是强震带，羌塘高原的地震活动性相对较弱。

西藏等高海拔地区地震活动有一定规律性：① 强震多发生于北东向、北西向、南北向活动断裂及几组断裂的交汇部位；② 构造转折部位，如雅鲁藏布江大拐弯地方是强震发生部位；③ 印度和欧亚大陆板块的碰撞是青藏高原新构造运动和高海拔山区地震发生的动力源，喜马拉雅碰撞带既是现今大陆地震带，也是地热异常带。距离碰撞带愈远，地震活动变弱。

第二节 地形地貌、地层岩性与水文地质

一、地形地貌

藏东、川西高山、高原的地形总体特点是谷梁相间、梁高谷深。谷侧山势高耸，谷坡陡峻。藏中电力联网工程线路跨越澜沧江、玉曲河、怒江、冷曲河和帕隆藏布江、雅鲁藏布江，翻越拉乌山、觉巴山、东达山、业拉山、安久拉山、色季拉山等。沿线海拔为 2930～5200m，一般高差为 500～1200m，最大高差 1550m，高海拔典型线路全线海拔图和高海拔典型铁路全线海拔图分别如图 2.2－1 和图 2.2－2 所示。

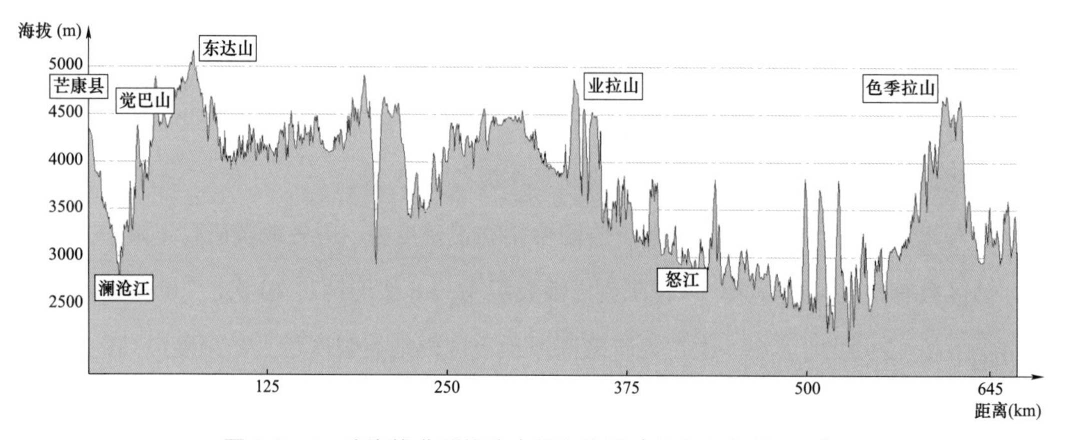

图 2.2－1 高海拔典型线路全线海拔图（藏中电力联网段）

高海拔地区地形地貌主要可分为侵蚀剥蚀溶蚀高山峡谷地貌、侵蚀剥蚀溶蚀中高山地貌、低高山和高原区低山丘陵地貌、河流侵蚀堆积山间盆地谷地地貌、冰川侵蚀地貌五种类型，分别如图 2.2－3～图 2.2－7 所示。

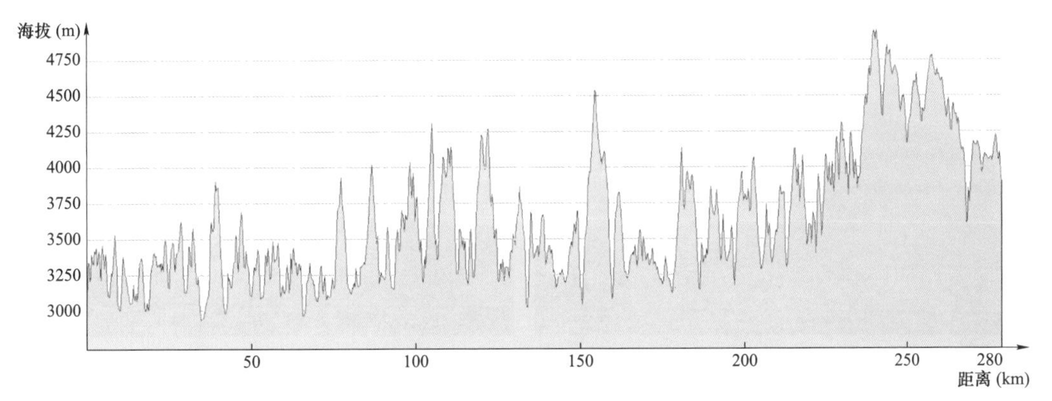

图 2.2-2　高海拔典型铁路全线海拔图（拉林段）

图 2.2-3　侵蚀剥蚀溶蚀高山峡谷地貌

图 2.2-4　侵蚀剥蚀溶蚀中高山地貌

图 2.2-5　低高山和高原区低山丘陵地貌

图 2.2-6　河流侵蚀堆积山间盆地谷地地貌

图 2.2-7　冰川侵蚀地貌

藏中电力联网工程全线塔基按地貌单元分布情况见表 2.2-1。

表 2.2-1　　藏中电力联网工程全线塔基按地貌单元分布情况

施工标段	地貌单元	线路长度（km）	塔基比例（%）
3-5	侵蚀剥蚀溶蚀中高山地貌	2×16	2.70
	侵蚀剥蚀溶蚀高山峡谷地貌	2×60	8.46
	低高山和高原区低山丘陵地貌	2×39	3.67
	河流侵蚀堆积山间盆地谷地地貌	约 2×2.5	0.29
6-8	侵蚀剥蚀溶蚀中高山地貌	单回 2×20	3.28
	侵蚀剥蚀低高山地貌	单回 2×62.8	7.13
	剥蚀高原丘陵地貌	双回 2×3.3 单回 2×6.7	1.08
	河流侵蚀堆积山间盆地谷地地貌	双回 2×3.7	0.22
9-11	侵蚀剥蚀溶蚀高山峡谷地貌	约 10	0.86
	中、低高山及低山丘陵地貌	2×70	10.66
	高原区丘陵地貌	2×22	3.35
	河流侵蚀堆积山间盆地谷地地貌	2×20	1.44

续表

施工标段	地貌单元	线路长度（km）	塔基比例（%）
12－14	侵蚀剥蚀低高山地貌	单回 2×36.6	6.59
	高山峡谷地貌	双回 26.9，单回 2×17	4.10
	中山峡谷地貌	单回 2×29	6.16
	河流侵蚀堆积山间盆地谷地地貌	双回 6，单回 2×4	0.94
15－17	河谷、山间盆地地貌	13.8	1.01
	中高山、中低山地貌	56.8	6.88
	高山地貌	66.5	7.13
18－20	构造侵蚀、剥蚀高山地貌	83.5	10.66
	冰川侵蚀地貌	26.2	2.16
	河谷地貌	5	0.54
21－22	河谷侵蚀、堆积地貌	2×8	1.04
	侵蚀剥蚀溶蚀中高山地貌	2×77.5	9.68

二、地层岩性

侵蚀剥蚀溶蚀高山峡谷地貌大多基岩裸露，岩性变化大，沉积岩（砾岩、灰岩）、变质岩（千枚岩、板岩、片岩、片麻岩、变质砂岩）、岩浆岩（闪长岩、花岗岩）均有出露，受河流下切影响，岩体卸荷裂隙发育，受小型断裂、褶皱作用，节理裂隙发育，岩体完整性差。

侵蚀剥蚀溶蚀中高山地貌、低高山和高原区低山丘陵地貌区域表层为第四系坡积、崩坡积成因的碎石、粉土，厚度随地形起伏差异较大，一般在坡脚、山前缓坡、缓坡平台段厚度较大。基岩岩性主要为泥岩、泥质砂岩、板岩、灰岩等。坡面冲沟发育，下切侵蚀较深的冲沟沟口普遍有厚层泥石流堆积扇。

山间盆地、谷地地貌段地层主要为第四系冲洪积成因的卵石、角砾、粉土、粉砂等，地下水位普遍埋深较浅。冰川侵蚀地貌地层岩性以粉土、碎石、块石、花岗岩为主。

除上述地层外，在河谷地区及雅鲁藏布江两岸还零星出现淤泥质土、风积沙等特殊地层。

三、水文地质

按地下水的赋存介质不同，地下水类型主要分为基岩裂隙水和松散堆积层孔隙水两类，局部地段的松散堆积层孔隙水以上层滞水的形式存在。地下水的补给来源主要为大气降水、冰雪融水及地表水，主要排泄方式为蒸发和径流。

（一）基岩裂隙水

主要赋存于风化带及深部裂隙中，接受大气降水及少量地表水渗入补给，径流受地形地貌和裂隙发育程度的限制，径流条件差，具有水量分布不均、储藏量小、埋深大等特点，该类地下水埋深一般大于 15m，对线路塔基设计及施工无明显影响。

（二）松散堆积层孔隙水

主要分布于山间谷地、河流阶地和河漫滩等地段，水量较丰富，具有埋藏浅、水位受季节及河水影响变化较大等特点，必须考虑地下水对塔基设计及施工的影响，基坑开挖时需采取合理有效的基坑降排水及支护措施。在黑曲、阿总曲等附近的河流阶地及河漫滩，地下水埋深约为 0.5～3.5m，水位年变幅约为 1.0～2.0m；左贡变电站附近，水位埋深约为 0.5～3.0m，水位年变幅约为 1.0～2.0m；在安久拉山口湿地和白衣错附近地下水位埋深约为 3.0～5.0m，水位年变幅约为 1.0～2.0m；帕隆藏布、波得藏布、波都藏布等河流及河漫滩地段，水位埋深一般在 0.5～3.0m，水位年变幅为 1.0～2.0m。

（三）上层滞水

主要赋存于山体斜坡下部地表松散土层中，主要接受大气降水补给，受地形条件和土层厚度的控制，埋深无规律，连通性差，水量小，季节性明显，在雨季施工需考虑其不利影响。

第三节　不良地质作用及特殊性岩土

高海拔高山峡谷地带具有特有的冰川雪域地貌和强烈的寒冻风化环境。高原峡谷地区断裂众多，高地温、高地应力、断层破碎带等不良地质作用影响大。高原隆升、地热及频繁的地震活动等原因导致地质灾害发育。

高山峡谷地区河谷两侧多悬崖绝壁，峡谷的相对封闭性使谷底热量不易散发，造成谷底气温较高，蒸发旺盛，上层湿暖气流被高山阻截，山谷降雨少，降雨量不足以补偿蒸发水分，造成河谷内严重的水热比例失调，形成干热河谷。在强烈的地质作用下，河谷两岸岩体破碎，危岩与崩塌、滑坡、不稳定斜坡、泥石流等重力地质灾害及高温热水、高地应力等不良地质十分发育。

高山峡谷的顶面多为夷平面，海拔一般在 4000m 以上，分布着高海拔多年冻土，具有明显的垂直地带性，随着海拔的增加，多年冻土分布的连续程度也相应提高，岛状多年冻土分布的连续性增大，发展成大片的连续多年冻土。

一、滑坡

滑坡是指斜坡上的土体或岩体，受河流冲刷、地下水活动、雨水浸泡、地震及人类活动等因素影响，在重力作用下，沿着一定的软弱面或软弱带，整体地或分散地顺坡向下滑动的自然现象。

滑体物质一般为第四系松散堆积物，母岩主要为半坚硬—软质的板岩、砂岩、千枚岩，结构松散，遇水后易软化，可塑性增强，形成蠕滑或流动，滑带多为基岩接触面。降雨、切坡开挖、河流的侧向冲刷是诱发滑坡的主要因素，斜坡在平面上呈“凸”型，坡面地形破碎，斜坡前缘临空面发育，高海拔典型滑坡如图 2.3－1 所示。

左贡—波密区段滑坡主要分布在白马镇那龙村、巴东新村、怒江桥沿线，多为中小型浅层碎石土滑坡，沿公路内侧及冷曲左岸分布，滑坡后缘高程比公路和冷曲河高 100m 左右；旺比村、贡果村、俄拉村典型滑坡分别如图 2.3－2～图 2.3－4 所示，滑坡体物质以碎石土为主，滑带为土岩接触面，属于推拉—牵引复合型滑坡。

图 2.3-1　高海拔典型滑坡

图 2.3-2　旺比村典型滑坡

图 2.3-3　贡果村典型滑坡

图 2.3－4　俄拉村典型滑坡

波密—林芝段共查明滑坡 27 处，其中 102 滑坡群规模较大，如图 2.3－5 所示，由 6 个滑坡组成，滑坡体及其影响长度达 2km，最大厚度大于 400m，滑坡堆积体主要分布于海拔 2100～2560m。滑坡体坡度多大于 30°，碎石土自然休止角 25°～35º，不采取工程处理措施情况下不稳定；滑坡体处于不断蠕动状态，坡体上可见醉汉林；滑坡群堆积体上可见多个新近活动形成的小型滑坡和泥石流。

图 2.3－5　102 滑坡群中大型滑坡体图

二、不稳定斜坡

高海拔山区由于地质构造复杂，地震活动频繁，造成山体岩石破碎，加之冻融作用促进岩体破坏，山体表层多形成较厚的碎块石。山区道路工程开挖形成高陡临空面，容易造成斜坡不稳定。不稳定斜坡一般出现在上部有大量碎屑物质、下部为地形相对较缓堆积平台的地段，当坡度小于自然休止角时是稳定的，如倒石锥等。由于崩积、坡积物质未胶结，结构松散，孔隙大，内部架空，在地震、暴雨、人类经济活动等因素作用下，可能发生重新固结变形或滑塌。因此，线路设计时，应尽量避免在覆盖层较厚、岩体破碎或边坡较陡的斜坡地段以及高陡边坡边缘立塔，特别应避让下部存在临空面的斜坡。

怒江桥—拉根乡冷曲及怒江两岸、夏尔古热段的不稳定斜坡，如图 2.3－6 所示，目前比较稳定，随着人类活动或地震作用，其稳定状态可能发生改变。

图 2.3－6　H001 沿线不稳定斜坡

排龙村—索通村段不稳定斜坡，分别如图 2.3－7 和图 2.3－8 所示。

图 2.3－7　H002 不稳定斜坡

图 2.3－8　H003 不稳定斜坡

三、崩塌（危岩）及滚石

在峡谷陡坡、临河深谷地段，坡高陡峻，岩石风化严重、疏松破碎，稳定性极差，在外力作用下极易发生崩塌，块石从坡面分离，经过下落、回弹、跳跃、滚动等方式沿坡面向下运动，形成崩塌或滚石，如图 2.3－9 所示。

图 2.3－9　沿线典型崩塌滚石

形成崩塌的影响因素是多方面的，陡峭的地形是崩塌形成的基础，斜坡表面的松散物质为崩塌提供了物质基础。当块石向下运动时，直接或间接引起其他块石运动，形成滚石。当滚石运动范围内有建筑物时，就会产生危害。

藏中电力联网工程沿线崩塌主要分布于海拔 4000m 以下，有松散土质崩塌、岩质崩塌和土岩混合崩塌；土质崩塌与土体成因密切相关，冲洪积形成的土质斜坡一般较稳定，不易形成较大规模的崩塌，仅有小规模的漂卵石坠落；残坡积物形成的土质斜坡，稳定性差，易产生崩塌。

左贡—波密段崩塌主要分布在王排村—白马镇、怒江桥段，沿公路内侧分布，如图 2.3－10 所示，在塔基定位时避开了崩塌、危岩，但部分塔位斜坡较陡，上部基岩裸露，

图 2.3－10　那龙村—沙木段斜坡

基岩风化剥蚀强烈，斜坡上有崩塌块石（个别孤石），在外力作用下可能发生崩塌和滚石，影响塔基安全稳定。

部分海拔大于 4500m 中高山地段，岩石风化严重、节理裂隙发育，在外力因素的作用下，也会形成崩塌。崩塌体岩性多为砂岩、灰岩，坡体下部多见崩落的岩块堆积体，如图 2.3－11 所示。

图 2.3－11　塔位上方崩塌体

此外，孤立岩块在一定条件诱发下可能发生滚动，威胁下方塔位施工和塔基安全，塔位施工时需要清除，滚石距离塔位较远时，设置必要的防护措施。

影响塔基安全性的危岩主要有两种：① 为陡坡或陡崖上尚未脱离母岩但本身处于临界稳定状态的岩石；② 为散落在陡坡上处于临界稳定状态的孤块石。色季拉山段冰蚀严重，危岩普遍，分别如图 2.3－12～图 2.3－14 所示。

图 2.3－12　坡面滚石（一）

图 2.3－13　危岩

图 2.3－14　坡面滚石（二）

以林芝—雅中段杆塔 14R103 与 14L109 附近区域为例，地面所见块石直径约 3～4m，最大直径超过 5m，基岩裸露面积大、坡度陡峭，节理裂隙发育。塔位附近有高陡斜坡、可能崩塌掉块危及塔体安全时，采取来石方向设置挡石墙及被动防护网等防护措施，同时适当抬高基础立柱，避免滚石直接撞击塔材；对于坡陡且坡上分布较多碎块石的塔位，施工时先清除块石或采取喷浆、支撑等措施，防止由于基坑开挖坡脚引发浅层滑坡或崩塌。

拉萨—林芝段沿线部分杆塔位于高陡边坡或悬崖之下，悬崖及陡坡上部基岩裸露，坡体上部有大块孤石。如果岩体发生崩塌，或大块孤石因下部土体冲刷失稳向下滚动，可能对塔基安全造成影响。

四、碎石堆积体

碎石堆积体是指崩坍物质经重力搬运，在山坡坡脚或平缓山坡堆积的松散堆积体。岩堆体是具有一定级配的天然岩石（块）颗粒集合体，其性质与颗粒大小、形状分布有关，并且受颗粒堆积结构型式的影响，颗粒排列方向、分布、接触方式以及颗粒间作用力不同，使岩堆的变形和强度特征在不同方向上会有所变化。在荷载作用下，出现滑动、滚动、挠曲和压碎时，原有孔隙被充填，岩堆体颗粒发生重排列，产生变形。

典型碎石堆积体分布在吉达乡夏尔古热、热隔—白马镇段，在平面上多呈三角形，母岩成分以板岩、砂岩、千枚岩为主，强风化，其中夏尔古热段岩堆处于发育迟缓阶段，坡面被草；八宿一级变电站—沙木村段岩堆体处于强烈活动阶段，岩堆体坡面疏松，坡面坡度 30°～35°，无植被，坡面不稳定，如图 2.3－15 所示。

图 2.3－15　八宿一级变电站—沙木村段岩堆体

五、泥石流及冲沟

泥石流分布受地质构造、地形地貌、人类工程活动等因素的制约。形成泥石流需要具备大量的松散堆积物质、短时间内丰富的水源、集水汇流的地貌形态三个条件，三者缺一不可。藏中电力联网工程沿线大量的松散堆积物，以及雨季充沛的降水，再加上特殊的地貌形态为泥石流的形成提供了极为有利的条件。

泥石流从水量补给方式可分为雨洪泥石流、冰川泥石流和冰川—雨洪泥石流三种类型。根据泥石流的流域特征，泥石流可分为沟谷型泥石流（见图 2.3－16）、冲沟型泥石流、坡面型泥石流（见图 2.3－17）。藏中电力联网工程区内沟谷、冲沟发育，暴雨季节，冲沟底及冲沟壁松散物质被雨水带走，冲沟不断加大、加深，形成沟谷型泥石流。

图 2.3－16　沟谷型泥石流

图 2.3－17　坡面型泥石流

沟谷型泥石流可分为形成区、流通区、堆积区，形成区一般呈瓢形或漏斗形围谷，山坡陡峻，支沟呈树枝状，植被稀少，岩石风化严重，松散固体物质丰富，常有滑坡、崩塌发生；流通区多为深切峡谷，沟床短而直，呈线形，纵坡比形成区缓，但比堆积区陡，沟谷较窄，断面形态呈“V”形或“U”形沟槽；堆积区位于沟谷出口处，纵坡较平缓，地形开阔，常成“扇”形堆积，扇面无固定沟槽，多呈漫流状态。

以藏中电力联网工程为例，沿线泥石流以小型为主，巨型和中型不发育，泥石流分布较集中，沟谷型泥石流主要分布在吉达乡—白马镇一带，坡面型和冲沟型泥石流主要发育在怒江桥两岸及白马镇一带。吉达乡冷曲左岸的支流沟谷巨型泥石流为第四纪冰川泥石流，大型、中型、小型泥石流均为暴雨型泥石流。

通过遥感解译结合现场调查，藏中电力联网工程共查明泥石流 51 处。其中古乡泥石流（S024）规模最大，如图 2.3－18 所示，起源于 1950 年察隅大地震，地震过后古乡沟被松散堆积体堵塞，形成堰塞湖。1953 年，暴雨引发大规模泥石流。此后该泥石流一直断续活动至今，受此影响，318 国道多次被毁、改道。

图 2.3－18　古乡泥石流

林芝—雅中段沿线主要分布有多卡村小型泥石流、彩门村空普沟小型泥石流、甲玛立地沟中型泥石流、帮布沟特大型泥石流、下觉村中型泥石流、下不拉沟中型泥石流等泥石流。坡面型泥石流规模较小，沟谷型泥石流规模一般较大，由于暴雨频繁，具有多发性、突发性和周期性等特点。线路路径内主要泥石流分别如图 2.3－19～图 2.3－24 所示。

图 2.3－19　多卡村小型泥石流

图 2.3－20　彩门村空普沟小型泥石流

图 2.3－21　甲玛立地沟中型泥石流

图 2.3-22　帮布沟特大型泥石流

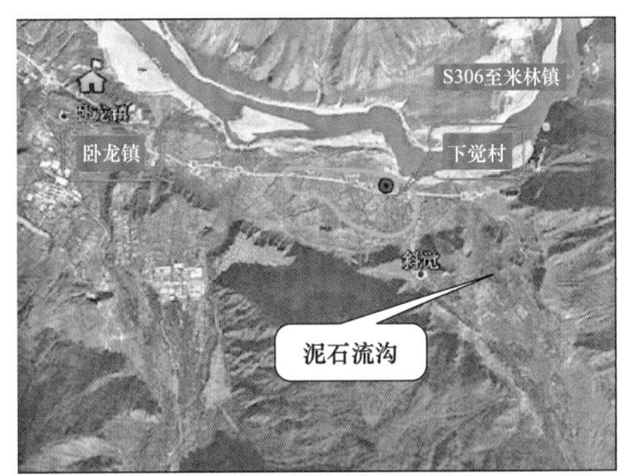

图 2.3-23　下觉村中型泥石流

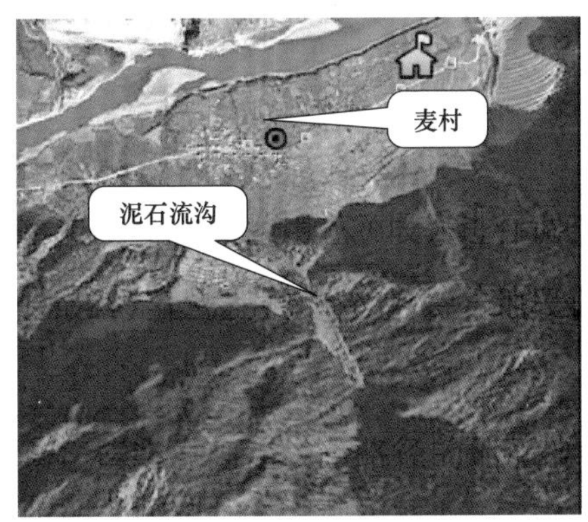

图 2.3-24　下不拉沟中型泥石流

不稳定斜坡地段的冲沟型泥石流，以小、中型冲沟为主，冲沟深度约 3～30m，宽度几米至几十米。在暴雨季节，冲沟底及冲沟壁松散物质被雨水冲蚀，冲沟不断加大、加深，在冲沟内及冲沟口形成沟谷型泥石流。部分具有潜在不稳定性的冲沟，泥石流发育，对线路影响较大。塔基定位时，塔基离较大冲沟（见图 2.3-25）需保持足够的安全距离。

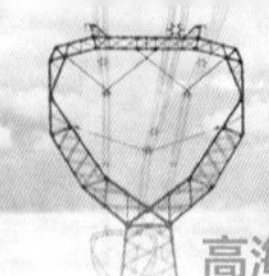

图 2.3–25　线路所经地段冲沟

六、多年冻土

冻土是具有负温或零温并含有冰的岩土体。按冻结状态持续时间，把冻结状态持续 2 年及以上的冻土称为多年冻土，其分布具有明显的纬度地带性，围绕极地的多年冻土被称为高纬度多年冻土，在北半球，多年冻土自北向南分布的连续程度逐渐减小，分别称为连续多年冻土、不连续多年冻土和岛状多年冻土。

青藏高原平均海拔 4000m 以上，气候严寒，是世界中低纬度地带海拔最高、面积最大的多年冻土区，面积占我国多年冻土面积的 70%。多年冻土的分布以青南藏北高原为中心向周边展开，青南藏北地区是青藏高原多年冻土最发育的地区，呈连续或大片分布、温度低、地下冰厚等特征。周边地区随海拔降低，地温逐渐升高，过渡为岛状多年冻土。

（一）青藏高原冻土特点

与其他地区多年冻土相比，青藏高原多年冻土有如下特点。

（1）热稳定性差。多年冻土大多属于高温不稳定（$-1.0℃\leqslant$年平均地温$<-0.5℃$）、高温极不稳定（年平均地温$\geqslant-0.5℃$）多年冻土。冻土的稳定性比国内外其他地区多年冻土差，对外界影响更加敏感。

（2）厚层地下冰和高含冰量冻土所占比重大，而且厚层地下冰和高含冰量冻土多位于多年冻土上限附近，更容易受自然和人为因素影响发生融化而产生较大的融沉。

（3）在全球气候变暖的背景下，青藏高原升温值将高于全球平均值。

（4）青藏高原是我国大陆现今地壳运动最强烈的地区，活动性断裂规模大，分布密集，造成地区水热活动强烈，成为制约和影响高原多年冻土分布的重要因素之一，使高原多年冻土的分布特征和热稳定性更加复杂。

（5）青藏高原的太阳辐射强烈，山坡坡向对冻土的控制作用强，塔基坡向对多年冻土的影响成为工程建设必须考虑的重要因素。

（二）多年冻土区塔基的主要工程地质问题

多年冻土区塔基的主要工程地质问题可概括为以下几个方面。

（1）冻胀。冻胀是指冻结过程中，土体中水分冻结成冰，体积膨胀，且以冰晶、冰层、冰透镜等冰侵入体的形式存在于土体的孔隙、土层中，引起土颗粒间的相对位移，使土体体积产生不同程度扩张变形的现象。输电线路中的冻胀问题主要是对杆塔基础产生冻拔、倾覆或剪切变形等。

（2）融沉。融沉是指厚层地下冰及高含冰量冻土层，由于埋藏浅，在地温升高或人工活动影响下，发生融化下沉的现象。冻土融沉常以热融滑坍、热融沉陷、蠕动泥流等形式出现，可使铁塔基础发生倾覆、剪切变形或破坏。

（3）流变移位（平面滑移）变形。冻土中的流变移位主要表现在两个方面：一是由于冻土中的含冰引起的，冻土中含冰量愈大，则流变性愈强；二是塔基础的平面受力不均衡引起，主要表现在斜坡、丘陵地段，随着冻土长期强度降低，由塔基周围产生的不均衡水平向冻胀力和切向冻胀力引起，或者基础施工过程中由于回填料的不均匀、不规范或密实度差异性造成。

青藏电力联网工程攻克了多年冻土区输变电工程基础设计与施工关键技术。藏中电力联网工程沿线仅在二十一道班—左贡县城段存在高海拔岛状多年冻土，且多分布在阴坡坡脚位置（JR001 和 JL001），其他地段由于基岩埋深较浅，地基土以粗颗粒为主，地层储水能力有限，多年冻土不发育，均为季节性冻土。

第三章 岩土工程分析与评价

第一节　地震动参数及地震液化

一、地震动参数

高海拔区域基本地震动峰值加速度均大于或等于 0.10*g*，对应的地震基本烈度均为Ⅶ度及以上。

基本地震动峰值加速度为 0.10*g* 和 0.15*g* 的区域呈斑状或不规则带状分布于整个高海拔区域，对应地震基本烈度为Ⅶ度；基本地震动峰值加速度大于 0.20*g* 的区域主要呈带状分布，其分布规律与主要活动断裂带的分布密切相关，对应地震基本烈度为Ⅷ度。

以藏中电力联网工程为例，根据 GB 18306—2015《中国地震动参数区划图》中的图 A1 中国基本地震动峰值加速度区划图、图 B1 中国地震动反应谱特征周期区划图及 GB 50011—2010《建筑抗震设计规范（附条文说明）（2016 年版）》，线路所经地区的基本地震参数分段描述如表 3.1－1 所示。

表 3.1－1　藏中电力联网工程 500kV 线路所经地区地震参数分段描述

<table>
<tr><th>设计标段</th><th>区段</th><th>基本地震动反应谱特征周期（s）</th><th>基本地震动峰值加速度（g）</th><th>对应的地震基本烈度</th></tr>
<tr><td rowspan="2">500kV 芒康变电站 π 接川藏线、500kV 芒康—左贡线路Ⅰ段</td><td>芒康县城—阿总曲村</td><td>0.40</td><td rowspan="3">0.10</td><td rowspan="6">Ⅶ</td></tr>
<tr><td>阿总曲村—二十一道班</td><td rowspan="9">0.45</td></tr>
<tr><td rowspan="2">500kV 芒康—左贡线路Ⅱ段</td><td>二十一道班—田妥镇</td></tr>
<tr><td>田妥镇—左贡 500kV 变电站</td><td rowspan="3">0.15</td></tr>
<tr><td>500kV 左贡—波密线路Ⅰ段</td><td>左贡 500kV 变电站—贡果</td></tr>
<tr><td rowspan="3">500kV 左贡—波密线路Ⅱ段</td><td>贡果—玉普乡</td></tr>
<tr><td>玉普乡—松宗镇</td><td>0.20</td><td rowspan="4">Ⅷ</td></tr>
<tr><td>松宗镇—波密 500kV 变电站</td><td rowspan="2">0.30</td></tr>
<tr><td rowspan="2">500kV 波密—林芝线路Ⅰ段</td><td>波密 500kV 变电站（龙亚站址）—比通</td></tr>
<tr><td>比通—排龙村</td><td>0.20</td></tr>
</table>

续表

设计标段	区段	基本地震动反应谱特征周期（s）	基本地震动峰值加速度（g）	对应的地震基本烈度
500kV 波密—林芝线路Ⅱ段	林芝 500kV 变电站附近	0.45	0.20	Ⅷ
	线路其余地段		0.30	
500kV 林芝—雅中线路Ⅰ段	林芝变电站—比定村	0.45	0.30	Ⅷ
	比定村—麦村南		0.20	
500kV 林芝—雅中线路Ⅱ段	雅中变电站—洞嘎镇		0.15	Ⅶ
	洞嘎镇—卧补岗		0.20	Ⅷ
500kV 雅中—沃卡线路段	雅中 500kV 变电站—工康沙区		0.15	Ⅶ
	工康沙区—罗布莎村		0.20	Ⅷ
	罗布莎村—沃卡 500kV 变电站		0.15	Ⅶ

二、地震液化

高海拔区域的地震基本烈度均大于等于Ⅶ度，在山间河谷、河流阶地等地貌单元存在饱和粉土和粉细砂土的地段，可能存在地震液化问题。

藏中电力联网工程位于地震基本烈度Ⅶ～Ⅷ度区，根据 GB 50548—2018《330kV～750kV 架空输电线路勘测标准》规定，对于 50 年期限超越概率 10%的基本地震动峰值加速度不小于 0.10g 或地震基本烈度大于或等于Ⅶ度地区的跨越塔、终端塔，或者 50 年期限超越概率 10%的基本地震动峰值加速度不小于 0.20g 或地震基本烈度大于或等于Ⅷ度地区的转角塔，当塔基下分布有饱和砂土和粉土时，应进行地震液化判别。

沿线分布饱和粉土、粉细砂土的区段主要为黑曲、羊角尼、绒曲河、澜沧江、阿总曲、左贡开关站出线、尼洋河及附近山麓、冲沟沟口地带、雅中 500kV 变电站—冲康村、西比定村、仲达村、跨越雅鲁藏布江干流及支流位置、雅鲁藏布江山麓及冲沟沟口地带、进出线终端塔，上述地段地下水埋藏较浅，塔位存在地震液化可能。在施工图勘察过程中，针对以上重点地段塔位进行了详细的勘察，获取了砂土和粉土详细原位测试数据与室内试验成果。对全线重点塔位勘探深度 20.0m 范围内的饱和粉土、砂土进行地震液化判别，判定结果表明，线路全线所有塔位均不受地基土液化的影响。

第二节 水、土腐蚀性与地基土主要物理力学性质

一、水、土腐蚀性

因高海拔地区特殊地理环境及高寒的气候特点，工业少、污染源少、水土中各类离子浓度含量均较低。根据 GB 50021—2001《岩土工程勘察规范》附录 G，侵蚀剥蚀中高山、低高山及高原丘陵等地貌单元环境类型为Ⅲ类，河流侵蚀堆积地貌和山间谷地等地貌单元环境类型为Ⅰ类。

侵蚀剥蚀中高山、低高山及高原丘陵等地貌单元地下水与土的腐蚀性主要包括：水与土对混凝土结构具微腐蚀、对钢筋混凝土结构中钢筋具微腐蚀，地下水位以上的场地土对钢结构具微腐蚀，在局部地段水与土对混凝土结构、对钢筋混凝土结构中钢筋具弱腐蚀，以及水对钢结构具弱腐蚀。

河流侵蚀堆积和山间谷地等地貌单元，地下水与土的腐蚀性等级主要为微腐蚀，局部地段具弱腐蚀。

藏中联网工程全线 3410 基塔位按地貌单元及地质分区分别取水样、土样进行简分析与易溶盐分析，试验分析结果表明，在古乡、索通村、朗县、山南等地区，其崩坡积及冲洪积成因的强透水性地段，地下水对混凝土结构具有弱腐蚀，而全线其他塔基地下水与土均对混凝土结构具微腐蚀，全线对混凝土结构中的钢筋具微腐蚀，除个别零星塔位对钢结构具弱腐蚀外，其他均具微腐蚀。

沿线地基土中，硫酸盐（SO_4^{2-}）、镁盐（Mg^{2+}）含量较低，一般分别小于 118.5mg/kg、26.4mg/kg；pH 值在强透水性地段一般为 5.5～6.9，以小于 6.5 居多，对弱透水性地段，一般大于 5.5，其他如侵蚀性 CO_2、铵盐、总矿化度等含量远低于规范下限值。

二、地基土主要物理力学性质

高海拔地区线路塔基多立于中高山山坡地段，大部分塔位因交通极为不便，机械钻

探难以实施，主要通过参考已有工程建设经验总结及点荷载试验，提出岩土层的物理力学指标参考值。少部分位于河谷、河流阶地及低山地段可实施机械钻探的塔位，主要通过取原状岩土样进行室内试验的方法提供岩土层的物理力学指标建议值。根据不同的工程区段及地质成因，藏中电力联网工程沿线地基土和桩基物理力学指标参考值见表 3.2－1～表 3.2－2。

表 3.2－1　　藏中电力联网工程沿线地基土物理力学指标参考值

岩性	状态	天然重度γ（kN/m^3）	内摩擦角φ（°）	黏聚力 c（kPa）	地基承载力特征值 f_{ak}（kPa）
淤泥质土（冲洪积）	软塑	16.0～17.5	3～6	9～14	50～72
粉土（冲洪积）	松散一稍密	15.0～17.0	14～18	10～13	120～142
	稍密一中密	17.5～18.6	21～26	13～17	148～175
粉质黏土（冲洪积）	可塑	17.5～18.5	16～20	10～15	120～155
粉砂（冲洪积）	稍密	17.0～18.5	25～30	/	135～160
砾砂（冲洪积）	稍湿	18.5～19.5	22～28	/	180～240
卵石（冲洪积）	稍密	21.5～22.0	32～36	/	250～300
	中密	22.0～22.5	38～40	/	300～350
角砾（坡洪积）	稍密	20.0～20.5	25～30	/	220～270
	中密	21.0～21.5	30～35	/	260～300
碎石（坡洪积）	稍密	20.5～21.5	24～28	/	240～280
	中密	21.0～22.0	25～32	/	260～350
粉砂（风积）	松散一稍密	18.0～18.8	14～17	/	100～120
碎石（崩坡积）	松散一稍密	20.0～21.0	22～26	/	150～200
粉土（残坡积）	稍密	16.0～18.0	19～24	12～16	135～155
粉质黏土（残坡积）	硬塑	18.5～19.0	22～25	17～26	200～250
碎石（残坡积）	稍密一中密	21.0～21.5	30～32	/	200～240
泥岩/页岩	强风化	20.0～20.5	23～28	25～35	220～280
砾岩	强风化	22.0～22.5	30.5～32	50～80	250～320
砂岩	强风化	21.0～21.5	30～35	42～50	260～300
	中等风化	22.0～23.0	35～40	300～400	350～420
变质砂岩	强风化	22.0～22.5	28.5～31	38～55	280～330
	中等风化	23.0～23.5	33.5～42	300～500	350～500
灰岩	强风化	21.5～22.5	28～32	50～60	450～600
	中等风化	23.5～25.0	35～50	450～600	800～1200
花岗岩	强风化	21.5～22.5	24.5～28	45～60	300～500
	中等风化	22.5～25.5	50～65	700～900	1100～1500
板岩	强风化	20.0～20.5	22～26	30～35	300～350
	中等风化	21.0～21.5	28～35	300～400	500～700
千枚岩	强风化	20.5～22.0	24～26	32～45	260～400
	中等风化	21.5～22.5	30～34	320～400	550～750

注　对粗粒土，不考虑黏聚力取值。

表 3.2-2　　藏中电力联网工程沿线桩基物理力学指标参考值

岩土名称	岩土状态	干作业挖孔桩		泥浆护壁钻（冲）孔灌注桩		
		侧阻 q_{sik}（kPa）	端阻力 q_{pk}（kPa）	侧阻 q_{sik}（kPa）	端阻力 q_{pk}（kPa）	
			10m≤L<15m		10m≤L<15m	15≤L<30m
淤泥质土（冲洪积）	软塑	—	—	25	—	—
粉土（冲洪积）	松散—稍密	24～30	300～600	24～30	150～300	200～350
	稍密—中密	46～50	500～800	46～50	250～400	300～450
粉质黏土（冲洪积）	可塑	45～55	800～1000	50～65	450～600	600～750
粉砂（冲洪积）	稍密	25～30	1200～1600	25～30	450～600	600～700
砾砂（冲洪积）	稍密	58～78	1400～2400	50～70	700～1200	800～1400
卵石（冲洪积）	稍密	85～110	2000～3000	55～85	1000～1500	1200～1800
	中密	140～160	3200～5000	150～155	1600～2500	2000～3000
角砾（坡洪积）	稍密	135～150	1600～3000	130～145	800～1500	900～1800
	中密	120～145	3200～5000	110～140	1500～2500	1800～3000
碎石（坡洪积）	稍密	90～110	2000～3000	90～110	800～1400	1000～1600
	中密	140～150	3300～5000	140～150	1500～2000	1600～2500
粉砂（风积）	松散—稍密	22～45	300～700	20～40	150～300	180～350
碎石（崩坡积）	松散—稍密	55～110	1000～2800	50～100	400～1200	500～1500
粉土（残坡积）	稍密	35～45	500～700	35～45	250～350	300～400
粉质黏土（残坡积）	硬塑	80～85	1600～1800	70～80	1200～1400	1400～1600
碎石（残坡积）	稍密—中密	90～150	2000～4600	90～140	1200～2000	1400～2200
泥岩/页岩	强风化	110～170	1600～2000	110～170	1000～1400	1200～1600
砾岩	强风化	150～170	1600～2600	140～160	1000～1500	1000～1500
砂岩	强风化	120～190	1600～2600	100～170	1000～1500	1000～1500
	中等风化	160～240	3000～5000	140～220	1600～3500	1600～3500
变质砂岩	强风化	150～190	1600～2600	140～170	1200～2200	1200～2200
	中等风化	160～240	4000～6000	150～220	2500～4000	2500～4000
灰岩	强风化	130～140	2200～3500	100～120	1800～3000	1800～3000
	中等风化	220～240	6000～10 000	200～210	4000～6000	4000～6000
花岗岩	强风化	140～200	2500～3000	140～180	2000～2300	2000～2300
	中等风化	210～330	6000～10 000	210～330	5000～9000	5000～9000

续表

岩土名称	岩土状态	干作业挖孔桩		泥浆护壁钻（冲）孔灌注桩		
		侧阻 q_{sik}（kPa）	端阻力 q_{pk}（kPa）	侧阻 q_{sik}（kPa）	端阻力 q_{pk}（kPa）	
			10m≤L<15m		10m≤L<15m	15≤L<30m
板岩	强风化	110～170	1600～2400	110～170	1000～1600	1000～1600
	中等风化	160～220	3000～6000	160～210	2000～3000	2000～3000
千枚岩	强风化	130～140	1800～3000	130～140	1200～2000	1200～2000
	中等风化	170～240	2600～7000	160～210	1500～3500	1500～3500

注　在桩基参数各栏中，未填写的原因主要是考虑天然地基或沿线选用桩型未经过该层。

因物理风化强烈，岩土体设计参数在取值上较一般线路整体偏低。当岩体基本质量等级为Ⅴ～Ⅳ级时，按表3.2－1和表3.2－2提供参数的低值取值；当岩体基本质量等级为Ⅲ～Ⅰ级时，按表3.2－1和表3.2－2提供参数的高值取值。

第三节　地 基 与 基 础

一、地基处理

高海拔地区分布多个地貌单元，主要包括侵蚀剥蚀溶蚀高山峡谷地貌、侵蚀剥蚀溶蚀中高山地貌、低高山和高原区低山丘陵地貌、河流侵蚀堆积山间盆地谷地地貌、冰川侵蚀地貌五个地貌单元。不同地貌单元发育有泥石流、滑坡、崩塌、不稳定斜坡、溜沙坡、山体平硐、冻土地层和液化土层等大、中和小型不良地质作用，对于大中型不良地质作用，线路工程一般在路径上采取避开；对于小型不良地质作用采用跨越或采取相应的地基处理措施。

对小型危岩（崩塌）采取清除、柔性防护或修筑防撞墙等措施；对小型冲沟采用跨越方式，若一档不能跨越，采用加大基础埋深、基础顶部加圈梁或采用桩基处理；对山体平硐，采取与平硐硐室保持足够的安全距离；对小型岩堆，设置封面或护面墙以阻止岩石表面风化发展，防止零星坠落，或清除山坡或边坡坡面岩块，并放缓边坡；对小型不稳定斜坡，采取加大塔腿基础埋深、基础顶部加圈梁和加强巡视等措施，防止斜坡变形影响塔基稳定；对于小型岩溶地基，采取混凝土换填或梁板跨越方式处理；对于冻土地层，根据冻土类型、冻土深度和地层分布特征等，采用保持冻结、桩基础、砂垫层和保温等措施处理。

二、基础型式

高海拔地区线路工程地基基础方案受地形地貌、地基岩土特性、地下水及施工因素的综合影响，以藏中联网工程为例，线路主要基础形式一般以桩基础为主，以钢筋混凝土板式基础及岩石锚杆基础等为辅。

（一）人工挖孔桩基础

在侵蚀剥蚀溶蚀高山峡谷地貌、侵蚀剥蚀溶蚀中高山地貌、低高山和高原区低山丘陵地貌地段，地形较陡、上覆土层厚度不均，植被不发育，生态环境脆弱，大开大挖对塔基所处坡段的稳定性和生态系统造成较大影响。这些地段按 JGJ 94—2008《建筑桩基技术规范》要求，桩基础在满足桩基截面与塔腿相应构造关系（大小、锚固、保护层厚度等）的要求后，桩长较短，开挖深度较浅。若采用机械钻孔设备，建设场地多受场地环境（基坑）、机械保障等客观条件制约，运输、搭接、操作困难，人工挖孔相对简单，场地内施工操作方便，在山坡地段采用人工挖孔桩在经济性、场地内施工操作性方面具有优势。

山坡段塔基上覆土层以稍密状碎石、块石为主，下伏强、中等风化岩层，桩基埋深较浅，孔壁易于支护；成熟的施工经验也为人工挖孔桩提供了有效的施工质量保证，人工挖孔桩具有可行性。

（二）冲（钻）孔灌注桩基础

在河流侵蚀堆积山间盆地谷地地貌地段，地层一般为典型的二元结构，地下水埋藏较浅，水量丰富，典型代表如河漫滩、河流阶地等，在这些地段布置塔基，不宜采用人工挖孔桩基础，可采用冲（钻）孔灌注桩，塔基离公路较近，机械运输方便，同时有成熟施工经验，冲（钻）孔灌注桩具可行性。

（三）板式基础

钢筋混凝土板式基础是一种柔性底板基础，能较好地解决上拔稳定和地基强度问题。在河流侵蚀堆积山间盆地谷地地貌，地基土不均匀，地下水受季节和降水波动较大，采用钢筋混凝土板式基础，可有效避免不均匀沉降，便于施工。

（四）岩石锚杆基础

输电线路岩石锚杆基础，通过将水泥砂浆或细石混凝土与锚筋注入岩孔内，使得锚筋与岩体胶结呈整体，承受上部荷载，具有节约混凝土量、现场施工量小等特点。但该基础型式受施工条件因素制约大，对交通运输条件、施工工艺、锚杆材质要求较高，同时还需进行现场锚杆抗拔试验，设计时宜根据塔基的场地地质条件综合考虑。综合高海拔地区输电线路工程经验，岩石锚杆基础一般适用条件如下。

（1）岩性条件：坚硬岩、较坚硬岩可用，软岩、较软岩、极软岩不适用；微风化、中等风化可用，强风化、全风化不适用；完整、较完整岩石可用，破碎岩石、较破碎岩石、极破碎岩石不采用。

（2）覆盖层厚度：覆盖层厚度不宜超过 3m。

（3）地下水条件：6m 埋深范围内无地下水。

（4）塔基塔腿地形条件：应用岩石锚杆基础的塔腿周边范围内不得有超过 4m 的高坎，塔腿不能有超过 2 个以上的临空面。

（5）地形坡度：塔位整体地形坡度不大于 30°（应用岩石锚杆基础塔腿局部坡度不大于 30°）。

（6）应用岩石锚杆基础塔腿塔型条件：原则上仅限于单回铁塔使用。

第四章 特殊工程地质问题专项研究

高海拔地区现代地貌主要是在第四纪以来的造山运动过程中演化形成的，目前仍在继续演化改造，因此，区内重力地质作用现象突出，边坡斜坡变形破坏强烈。怒江、金沙江、澜沧江及其支流河谷深切，处于强烈侵蚀阶段；地形高差大，降水丰富，地表水动力强，有利于各类“崩、滑、流”地质灾害发育，是我国地质灾害最为活跃的地区之一。同时，高海拔山区新构造运动活跃，地震频繁，在该区进行各类工程建设开发时，各类环境工程地质问题非常突出。此外，高海拔地区特殊的气候、自然环境条件、地貌及人为地质活动等因素造就了该区域不良地质作用和地质灾害发育且规模大、范围广的特点。

高海拔地区、峡谷地区特殊的地形地貌，导致输电线路建设走廊相对狭窄，且受到架空输电线路杆塔档距的限制，部分塔基将无法避绕或避免地坐落于工程地质条件复杂的地质单元体之上或附近。

根据多年积累的工程经验，与低海拔区域架空输电线路相比，高海拔地区输电线路工程塔基定位过程中，遇到的特殊工程地质问题主要包括：① 塔基位于古滑坡或滑坡堆积体上；② 塔基附近发育有大型泥石流；③ 塔基位于不稳定斜坡上；④ 塔基位于风积沙堆积体、碎石堆积体或冰水堆积物上。

为了确保塔基稳定性，消除可能存在的安全隐患，保障线路可靠和安全运行，在线路初步设计阶段或施工图设计阶段勘测过程中，对沿线存在特殊工程地质问题的塔基开展专项研究，分析和评价塔基场地整体稳定性和适宜性，以确定场地立塔的可行性及所需要采取的工程措施。

岩土工程专项研究工作的主要内容和任务包括：① 充分搜集区域地质、水文地质、工程地质资料，分析场地区域地质背景条件；② 通过钻探、物探、室内试验等手段和方法查明地形、地貌、地层结构及岩性特征，提供各地层岩性及岩土的物理力学性质指标；③ 采用定性、半定量和定量相结合的分析评价方法，对场地整体稳定性进行评价，预测特殊地质问题的发展趋势并评价场地立塔可行性；④ 提出经济、技术、合理的处理建议和措施。

第一节 滑　坡

滑坡是高海拔山区最为严重的地质灾害之一，规模较小的滑坡可造成输电线路塔基上拱、下沉、倾斜或平移等情况，规模较大的滑坡则直接导致塔基倾覆、线路断线。滑坡地质灾害会对输电线路造成重大损失，影响地区生产和生活。

滑坡作为重要的地质灾害，是输电线路工程建设前期岩土工程勘察各阶段重点关注的不良地质作用，高海拔地区滑坡的特点是规模大、数量多、成因复杂、发生频率高，具有一定的特殊性。

输电线路建设前期，为查明沿线的滑坡分布及对拟建工程的影响，一般采用搜集分析资料、遥感地质解译、工程地质调查、工程钻探、走访当地政府和居民等综合勘察方法，在不同的设计阶段，勘察工作具体包括如下内容。

（1）可行性研究阶段和初步设计阶段，岩土工程勘察调查了解拟建线路所经地段滑坡的发育与分布特征，并对其危害程度和发展趋势做出初步判断，对线路通过的适宜性做出初步评价。

（2）施工图设计阶段，岩土工程勘察应针对具体塔位开展，对塔位的稳定性和杆塔建设的适宜性做出评价，并提出线路避绕的建议。

（3）输电线路施工图设计阶段滑坡勘察包括：① 搜集区域地质、水文气象、地震活动和人类活动等资料；② 查明滑坡的地形地貌特征、岩土构成、形成条件及发展趋势，确定滑坡边界和可能的影响范围，分析滑坡稳定性影响因素；③ 调查树木异常情况、当地民房和工程设施变形情况等；④ 调查地下水、地表水和泉的分布情况；⑤ 搜集当地的滑坡防治经验。不宜立塔的地段有：① 滑坡地段；② 滑坡影响范围内；③ 松散堆积层较厚，可能沿下部基岩面产生滑动的地段；④ 人类活动可能影响塔位稳定的地段。

以上滑坡发育地段输电线路路径优化选择及塔位立塔位置选择的勘察手段、评价方法在大多数地区均适用。但是在高海拔地区、峡谷地区，由于特殊的地质环境条件，线路全线数百千米均选择地质条件较好的地段作为塔基在很多时候是难以实现的，因此，在线路路径上或其附近存在对线路塔位安全有影响的滑坡或潜在滑坡且无法避绕或跨越时，为了保证工程的安全，就必须进行滑坡专项研究。

滑坡的专项勘察主要在初步设计阶段进行，也可在施工图设计阶段杆塔定位之前进行。

滑坡的专项勘察工作所采用的勘察手段与规范要求基本一致，但在高海拔地区、峡谷地区，应考虑勘察方法的适用性，尽可能采取搜集分析资料、遥感地质解译、工程地质调查等手段，并对滑坡进行定性和定量评价，而钻探工作在很多时候难以实现。

下面以典型滑坡为例，介绍高海拔地区、峡谷地区开展滑坡专项勘察工作的方法及步骤。

高海拔地区某输电线路沿线共有两个地段塔基位于古滑坡或滑坡堆积体之上，分别为怒江冷曲河滑坡及雅鲁藏布江嘎玛吉唐村滑坡。

一、怒江冷曲河滑坡

（一）滑坡体形态特征

怒江支流冷曲河凹岸的古滑坡堆积体上的塔位分布、地貌及滑坡范围如图 4.1－1 所示。

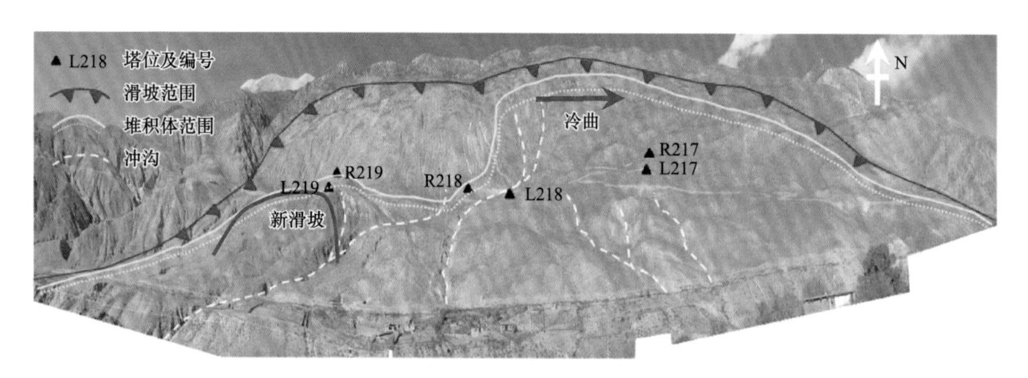

图 4.1－1　冷曲河古滑坡

塔位所处斜坡整体倾向 210°，滑坡主滑方向约 200°，滑坡区总体呈圈椅状，东西两侧壁为山脊，滑坡后壁光滑，顶部高程约 4250m，前缘直至冷曲河沟，高程约为 3300m，高差近 950m。冷曲河自西向东流过坡脚。滑坡体左右两侧受山脊控制，整体呈圈椅状，滑坡堆积体分布范围较广，前缘宽近 2300m，受地形影响，滑坡体厚度较大。滑坡堆积体总体为北高南低、上陡下缓，堆积体从上至下发育三级缓倾平台，其中，上部平台位于滑坡体后缘，坡度 20° 左右，后部平台为陡峭的滑坡后壁，后壁平均坡度大于 40°，后壁上部还发育有二次滑坡形成的陡壁，局部垮塌形成危岩体。斜坡现场概貌（镜向西）如图 4.1－2 所示。

图 4.1-2　斜坡现场概貌（镜向西）

滑坡体上发育数条冲沟，延伸至后壁，冲沟呈南西向，与主滑方向总体一致，冲沟流过平台时细颗粒多被流水带走，平台附近粒径主要在 1～20cm。此外冲沟内相较坡内其他区域植被较发育，以灌木丛为主，边坡上的冲沟及沟内堆积碎石如图 4.1-3 所示。

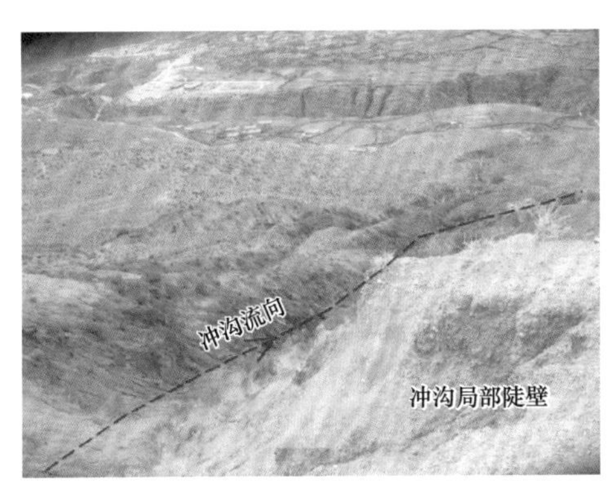

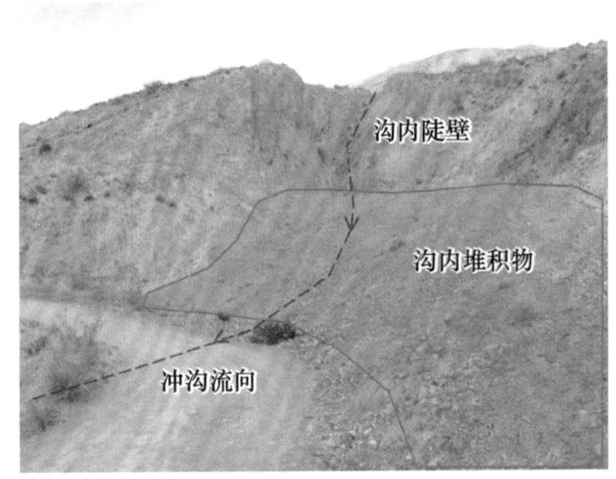

图 4.1-3　边坡上的冲沟及沟内堆积碎石

滑坡体上植被不发育，植被主要为零星分布的灌木，下部缓台以下即为河谷陡坎，陡坎高约 30m，露有互层泥岩和含砾砂岩，产状有变化，总体为 N50° W/NE50°，河谷陡坎出露的基岩如图 4.1-4 所示，岩层总体倾坡内，对边坡的整体稳定性较为有利。同

图 4.1-4　河谷陡坎出露的基岩

时泥岩和含砾砂岩在风化作用及河流、冲沟长期的侵蚀作用下表层破碎，局部呈碎裂—散体结构，易崩落。

（二）滑坡结构及岩性特征

根据钻探、物探及基坑开挖情况分析，滑坡体主要由第四系的崩坡积物组成，厚度大于 40m，主要物质组成为碎石、粉土、黏土，碎石成分有板岩、砂岩、泥岩等。

根据野外调查及区域地质图（1:25 万八宿幅），区段内北侧发育有西北—东南走向的区域性断裂洛隆—八宿断裂和飞来峰构造，受构造影响滑坡附近岩性复杂。岩性主要有上古生界岩组的大理岩、结晶灰岩、板岩、千枚岩、变质砂岩，白垩系下统多尼组板岩、紫红色砾岩、含砾砂岩、泥岩。综合分析，滑床岩性主要为青灰色板岩、千枚岩和含砾砂岩、泥岩。

板岩和千枚岩发育一组层面、一组优势结构面；紫红色含砾砂岩和泥岩发育一组层面，产状：青灰色板岩和千枚岩层面 C1：N65° E/NW19°，优势结构面 J1：N19° W/SW42°，紫红色含砾砂岩和泥岩层面 C2：N50° W/NE50°，边坡坡面整体产状：N50° W/SW30°。

结合滑体物质构成、厚度及滑坡运动机制反演，推测滑带的形态和位置，其中 1 个典型Ⅲ－Ⅲ′工程地质剖面如图 4.1－5 所示。

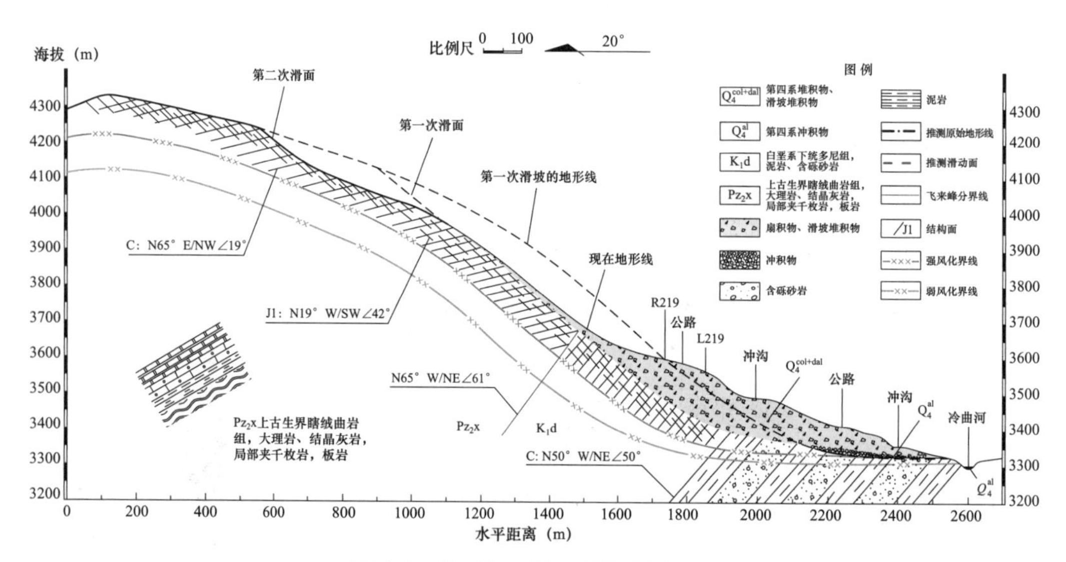

图 4.1－5　Ⅲ－Ⅲ′工程地质剖面图

（三）场地整体稳定性分析与评价

对基岩层面、优势结构面及边坡坡面的组合关系进行赤平投影分析，如图 4.1－6 所示。

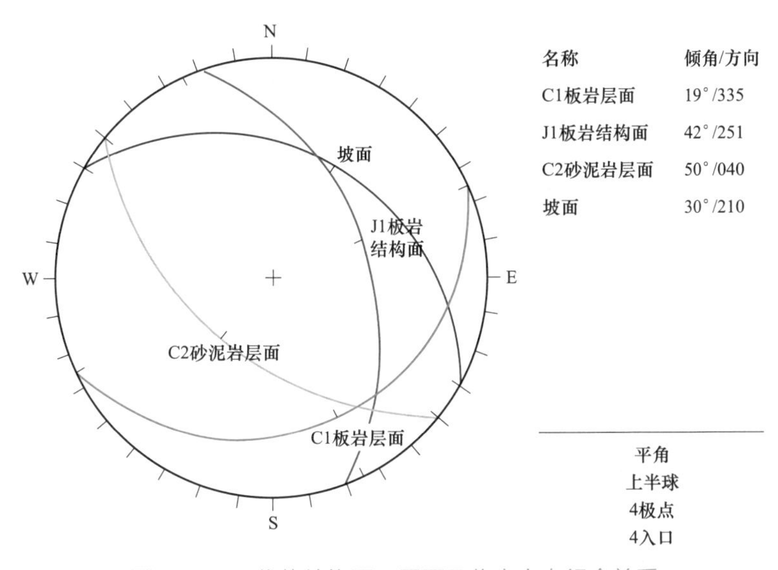

图 4.1－6　优势结构面、层面及临空方向组合关系

由图 4.1－6 可知，滑床基岩层面 C1、C2 均反倾向坡内，板岩优势结构面陡倾坡外，基本与坡面坡度相同，呈顺层结构斜坡，滑坡后侧的光滑后壁即由结构面切割而成。

根据岩体结构和地表变形破坏特征，滑坡体的破坏原因有泥石流及水流侵蚀破坏和崩塌破坏两种形式。

滑坡堆积体结构较松散，顺坡向发育数条冲沟，堆积体厚度大，延伸远，坡脚不存在临空面，整体坡度较缓。此外，基岩为板岩、千枚岩、泥岩和砂岩，均为反倾结构，有利于坡体稳定，定性分析认为，滑坡整体稳定性较好。

滑坡整体稳定性定量评价：根据现场勘查，以主滑方向Ⅲ－Ⅲ′剖面为数值模拟计算地质模型，如图 4.1－7 和图 4.1－8 所示。

数值模拟主要考虑天然稳定性、塔基加载稳定性、暴雨稳定性及地震稳定性四种条件，组合工况七种工况（见表 4.1－1）。岩体参数综合考虑国家和行业规范推荐参数及相似工程类比，同时考虑滑坡实际情况综合取值。

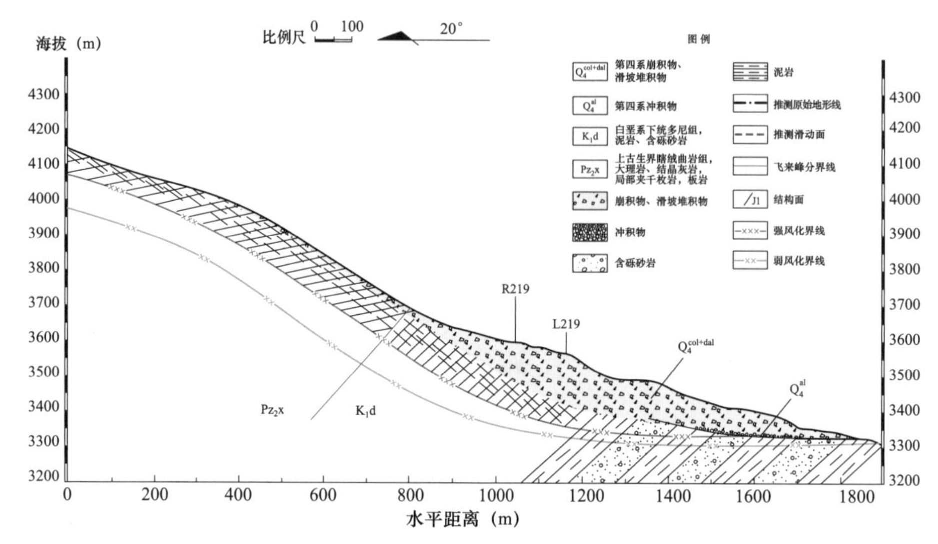

图 4.1–7　数值模拟计算实际剖面

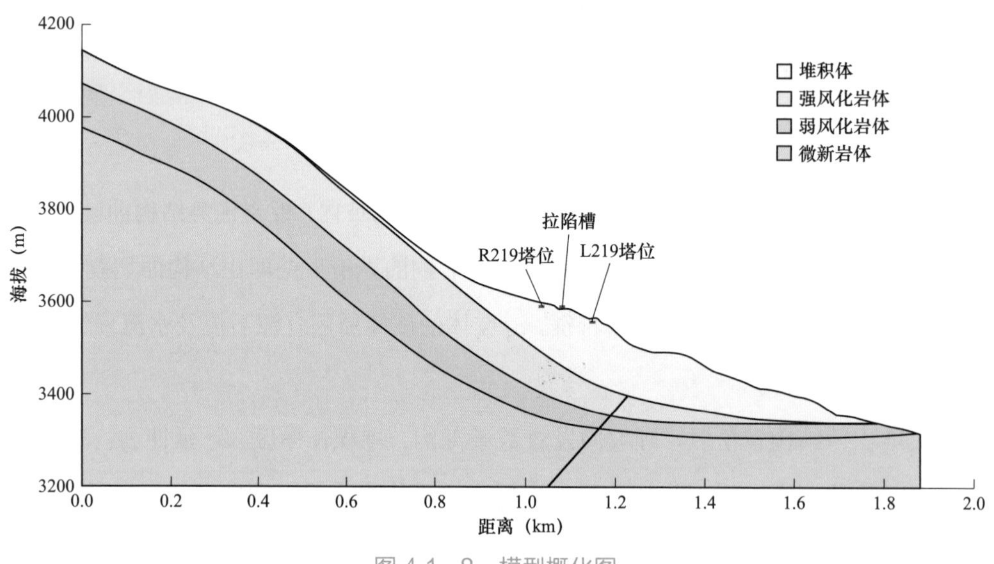

图 4.1–8　模型概化图

根据综合分析，模型假定四个潜在滑面，边坡整体稳定性假定的多个滑面位置图如图 4.1–9 所示，1～4 号滑面总体从坡表布置到坡内，滑面剪出口位置均在坡脚基覆界线附近，其中 1 号、2 号后壁延伸到拉陷槽位置，3 号、4 号滑面后壁延伸到堆积体后侧的基覆界线附近。岩土体本构模型选用 Mohr-Coulomb 模型，计算方法采用摩根斯坦—普瑞斯（Morgenstern-Price）法。

计算结果表明边坡最危险滑面基本沿 3 号滑面，稳定性系数都大于边坡稳定安全系数，处于稳定状态，即使是在最不利的暴雨+地震+荷载工况下，稳定系数为1.448，处于稳定状态。各工况下边坡沿指定的四个滑面的整体稳定性如表 4.1-1所示。

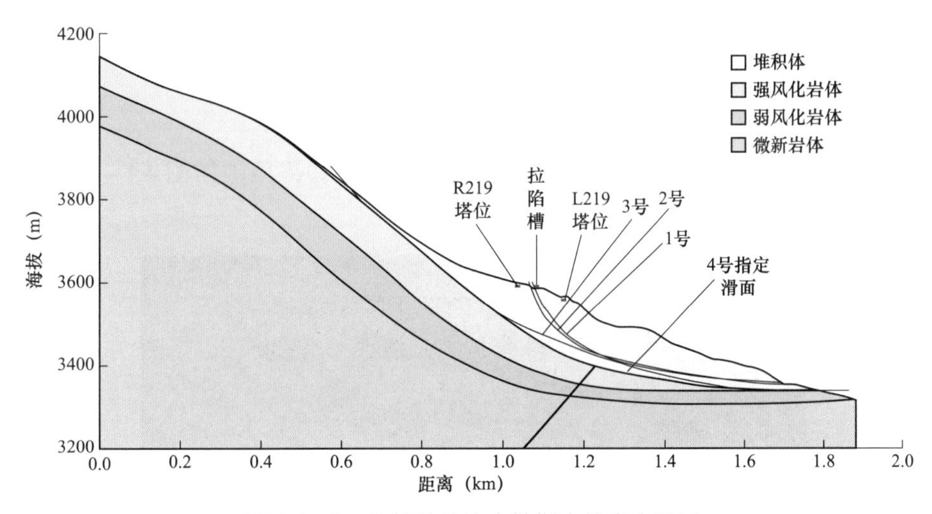

图 4.1-9　边坡整体稳定性指定的多个滑面

表 4.1-1　边坡各工况整体稳定性系数

滑面编号	工况						
	天然	荷载	暴雨	地震	暴雨+荷载	地震+荷载	暴雨+地震+荷载
1	2.403（稳定）	2.493（稳定）	2.262（稳定）	2.083（稳定）	2.342（稳定）	2.152（稳定）	1.995（稳定）
2	1.874（稳定）	1.931（稳定）	1.774（稳定）	1.639（稳定）	1.819（稳定）	1.677（稳定）	1.567（稳定）
3	1.776（稳定）	1.785（稳定）	1.675（稳定）	1.547（稳定）	1.683（稳定）	1.554（稳定）	1.448（稳定）
4	2.901（稳定）	2.981（稳定）	2.728（稳定）	2.509（稳定）	2.801（稳定）	2.573（稳定）	2.385（稳定）

综上所述，综合定性分析和定量分析认为，边坡整体处于稳定状态，在考虑的七种工况下不存在整体失稳。

二、雅江嘎玛吉唐村滑坡

雅江嘎玛吉唐村滑坡位于雅鲁藏布江右岸、冷达乡嘎玛吉唐村上游约 0.65km，有两基塔位位于滑坡体上。

（一）滑坡体形态特征

根据遥感识别，结合地质调绘，采用航拍解译滑坡边界范围如图 4.1－10 所示。

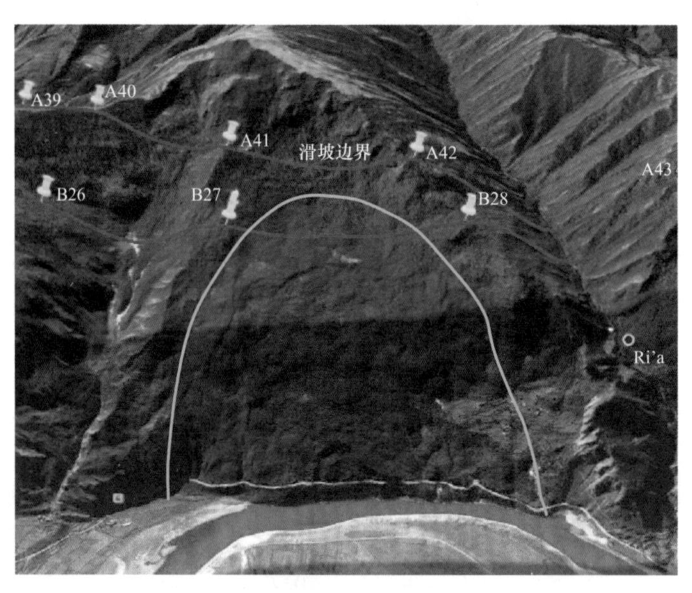

图 4.1－10　滑坡区整体航拍图

该滑坡为浅层倾倒型滑坡，滑坡平面呈“簸箕”形，分布高程为 3200～3650m，相对高差达 450m，沿主滑方向长 1000m，横向宽 1000m，主滑方向为 NE15°，面积约为 106 万 m^2，体积为 $10\times10^6m^3$，属特大型滑坡。

滑坡区在地形地貌上，总体为东、南、西三面高，北面低的地形，总体自南向北倾，与基岩地层倾向近于一致，属正向地形。坡面呈宽缓平台，地形坡角 12°～25°。

滑坡圈椅状地貌明显，后缘滑坡壁和左右侧滑坡壁清晰可见，上、下游边界以外可见基岩出露。滑坡前缘抵达河床，高程 3155m，后缘高程约 4020m，滑坡顺河向长约 1.6km，横河向宽 0.8～1.6km，方量约 $10\times10^6m^3$，除前缘修筑 S306 省道的削坡达 50°～

60°之外，滑坡体地表坡度在 15°～25°。滑坡体物质成份主要为块碎石。滑坡体前缘由于修筑 S306 省道，削坡引发局部滑塌。滑坡所在岸坡基岩岩性为变质砂岩与千枚状板岩互层，岩层产状为 N80° W/SW∠50°～60°，反倾坡内。

滑坡西侧和东侧以山脊分为两部分。西侧坡体向东倾，倾角 25°～35°；东侧坡体倾向北西西—西，倾角 20°～30°。东、西两侧基岩裸露，岩层产状为 280°～330°∠50°～60°；滑坡前缘位于 S306 公路与雅鲁藏布江右岸之间，呈略向外鼓出的弧形。

（二）滑坡体结构及岩性特征

滑体土主要成分为碎石土，由风化状块碎石与粉质黏土、粉土及少量角砾组成，褐色为主，夹杂灰褐色、褐黄色，呈稍密状，稍湿—干燥，块碎石母岩为变余砂岩、碎裂状千枚状板岩等，多呈棱角状，含量约 40%～60%，粒径为 3～12cm 不等，极个别可达 20cm，间夹少量粒径为 200cm 左右块石，充填物质为粉土、粉质黏土等。

滑床为强风化千枚状板与变余砂岩互层，岩体裂隙发育，岩体破碎，岩层倾向 275°～300°，倾角 40°～60°。

滑坡体上植被发育，坡体堆积层厚度变化不一。山体两侧以及滑坡体共计 15 处，地质调绘点分布图如图 4.1－11 所示，测绘成果汇总见表 4.1－2。

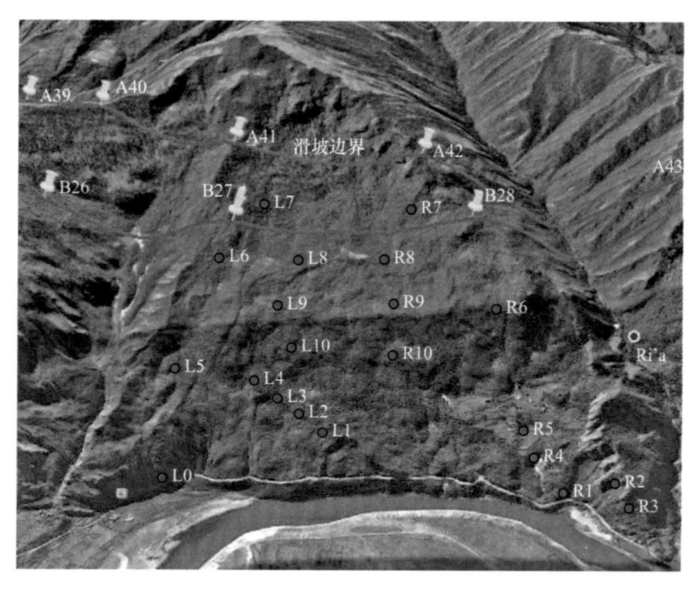

图 4.1－11　地质调绘点分布图

表 4.1–2　各地质调绘点产状分布表

地质调绘点	产状	地质调绘点	产状
R1	90°∠65°	L0	290°∠15°
R2	85°∠65°	L1	274°∠34°
R3	109°∠35°	L2	285°∠43°
R4	154°∠55°	L3	225°∠50°
R5	275°∠35°	L4	265°∠35°
R6	85°∠15°	L5	295°∠11°
R7	105°∠13°	L6	261°∠14°
		L7	280°∠15°

地质调绘布置了两条勘探线，共计 6 处勘探点勘探点平面布置示意图如图 4.1–12 所示，圈定滑坡边界。滑坡体厚度随主滑方向加深，滑坡前缘抵达河床，河床岸坡基岩出露，滑坡体方量约为 $10\times10^6m^3$。

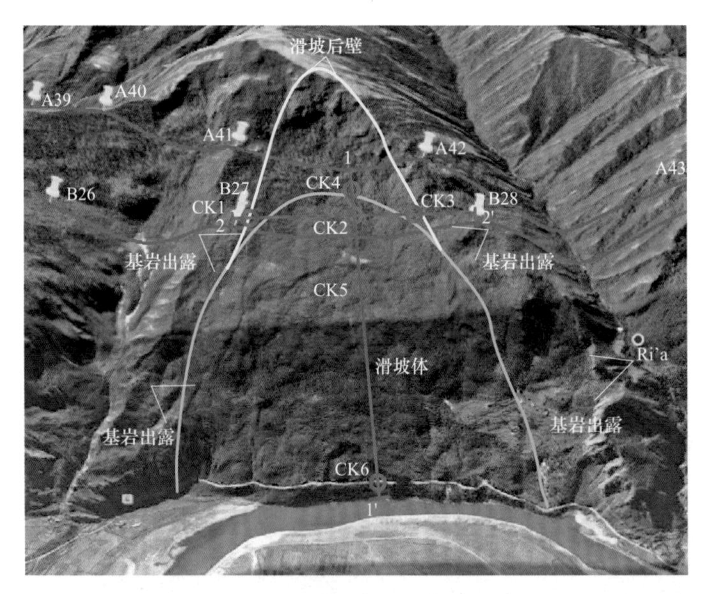

图 4.1–12　勘探点平面布置示意图

（三）场地整体稳定性分析与评价

根据滑坡基本特征，对两基杆塔场地整体稳定性定性评价如下。

（1）通过遥感影像及现场优化，右侧塔基位于山脊，滑坡边界距右侧塔位最近 C 腿距离约为 32m。

（2）滑坡体下伏基岩千枚状板岩与变质砂岩互层，滑坡为倾倒破坏，整体滑动距离约 480m，分布面积约 10^6m^2。

（3）滑坡体厚度随主滑方向加深，滑坡前缘抵达河床基准面，滑坡体方量约为 10^7m^3。

（4）综合走访调查，滑坡体目前稳定。

（5）经两处塔基施工开挖验槽，基础持力层均为较完整中风化千枚状板岩，塔基范围内岩石产状与滑坡边界外一致，表明基岩未受变形，整体稳定。

在极端工况条件下，如自重＋8 度地震作用＋汛期 50 年一遇暴雨、久雨，滑坡有可能复活，发生整体性牵引—推移滑动。由于两塔基位于基岩上，与滑坡边界最小距离不小于 30m，有较大安全裕度，塔基安全、稳定。

根据基本假设条件，对主滑动面 1－1′采用经验参数作为输入条件，验算在极端工况下的剩余下滑推力和安全系数。基本假设如下。

（1）沿断面方向取 100m 宽的滑体作为检算单元，不考虑单元体两侧的摩阻力影响；

（2）滑体的每一分条假定为整体滑动，滑面为折线形；

（3）各滑块的推力方向平行于各块体处的滑面；

（4）假定整个滑坡是整体滑动，按折线形滑面将滑体分成铅垂条块，滑坡参数经验取值如下表，其稳定系数为

$$K_{\mathrm{f}}=\frac{\sum\{[(W_i(\cos\alpha_i-A\sin\alpha_i)-N_{\mathrm{w}i}-R_{\mathrm{d}i}]\tan\phi_i+C_iL_i\}}{\sum[W_i(\sin\alpha_i+A\cos\alpha_i)+T_{\mathrm{d}i}]}$$

式中　K_{f}——稳定系数；

W_i——第 i 条块的垂直重力，kN/m；

C_i——第 i 条块滑带的凝聚力，kPa；

ϕ_i——第 i 条块内摩擦角，（°）；

$N_{\mathrm{w}i}$——第 i 条块孔隙水压力，kPa；

$T_{\mathrm{d}i}$——第 i 条块渗透压力平行滑面分力，kPa；

$R_{\mathrm{d}i}$——第 i 条块渗透压力垂直滑面分力，kPa；

L_i——第 i 条块所在折线段滑面的长度，m；

α_i——第 i 条块所在滑面倾角，（°）。

（5）滑坡推力为

$$\psi=\cos(\alpha_{i-1}-\alpha_i)-\sin(\alpha_{i-1}-\alpha_i)\tan\varphi_i$$

$$E_i = KW_i \sin\alpha_i + \psi E_{i-1} - W_i \cos\alpha_i \tan\varphi_i - C_i L_i$$

式中　E_i——第 i 条块段剩余下滑力，kN/m；

E_{i-1}——第 $i-1$ 条块剩余下滑力，kPa；

ψ——传递系数；

α_{i-1}——第 $i-1$ 所在条块滑动面的倾角，(°)；

K——滑坡推力安全系数；

W_i——第 i 条块下滑部分的垂直重力，kN/m；

C_i——第 i 条块滑带的凝聚力，kPa；

L_i——第 i 条块滑面长度，m。

其中浸润面以上岩土体按天然容重计算，浸润面至高水位线部分按饱和容重计算，高水位线以下按浮容重计算。

滑坡推力及安全系数计算参数经验值见表 4.1－3。1－1′主剖面下极端工况下推力曲线如图 4.1－13 所示。

表 4.1－3　　滑坡推力及安全系数计算参数经验值

滑坡编号	滑体	滑带		滑床			备注
	天然/饱和	天然/饱和		饱和单轴抗压强度（MPa）	饱和抗剪		
	（kN/m³）	C/C′（kPa）	φ/φ′（°）		C°（MPa）	φ°（°）	
1－1′主剖面	21.5/22.5	15/10	25/16	16	200	35	滑床为砂质板岩（变余砂岩）

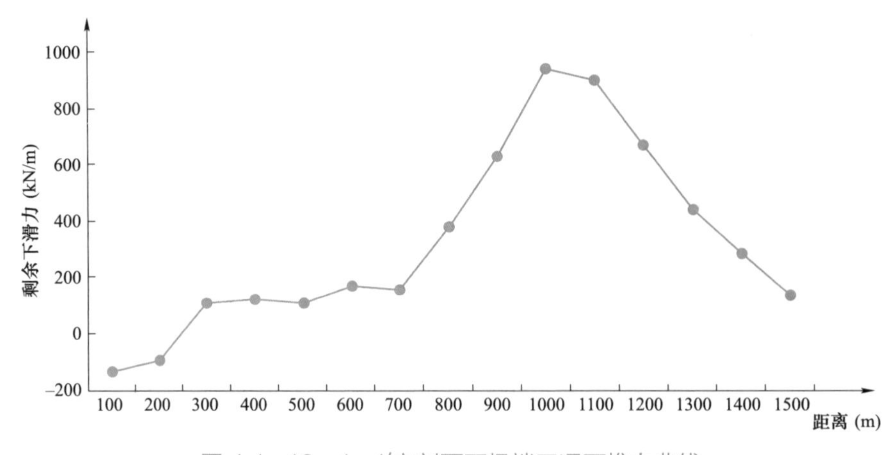

图 4.1－13　1－1′主剖面下极端工况下推力曲线

1－1′主剖面在极端工况下，滑坡的安全系数大于 1.31，滑坡稳定，并且在最小可能概率工况情况下还有一定安全裕度。

以上两处典型专题的研究，是通过现场调绘、遥感解译、物探、勘探及室内试验等手段，对滑坡的形成时代、滑坡体厚度、滑动形式、发生原因等进行了研究，查明了滑坡的特征，并对滑坡稳定性进行了定性和定量评价，最后对线路塔基的影响进行评价，并提出了相应的工程措施。

第二节　不稳定斜坡

地质上易发生滑动的斜坡或有潜在滑动的斜坡，称地质不稳定斜坡或地质灾害不稳定斜坡。不稳定斜坡与滑坡最大的区别在于：滑坡有明显的滑动面，不稳定斜坡没有明显滑动面。

不稳定斜坡作为重要的地质隐患，是输电线路工程建设前期岩土工程勘察各阶段重点关注的问题，高海拔山区、峡谷地区的不稳定斜坡以其分布范围广、隐蔽性强、成因复杂、发生滑坡概率大为特点，具有一定的特殊性。

不稳定斜坡的勘察与评价方法与滑坡的勘察与评价方法类似，当线路路径上或附近存在对线路塔位安全有影响的不稳定斜坡且无法避绕或跨越时，为了保证工程的安全，必须进行专项勘察。

不稳定斜坡的专项勘察一般在施工图设计阶段、杆塔定位之前进行。专项勘察工作所采用的勘察手段按照规范要求，高海拔山区、峡谷地区还应考虑勘察方法的适用性，尽可能采取搜集分析资料、遥感地质解译、工程地质调查等手段，对不稳定斜坡进行定性和定量评价。

以高海拔山区、峡谷地区典型不稳定斜坡为例，介绍开展不稳定斜坡专项勘察工作的方法和步骤。

高海波地区某输电线路在冷曲河右岸夏尔古热村段分布有潜在不稳定斜坡，受影响的塔基共 6 基，冷曲河段潜在不稳定斜坡（正视）如图 4.2－1 所示。

图 4.2-1　冷曲河段潜在不稳定斜坡（正视）

一、斜坡形态特征

坡体中上部发育缓倾坡外平台，其后为较光滑的陡壁，圈椅状地形显著；边坡下部发育多处泉点及渗水区域；堆积体覆于河流相卵砾石之上。该边坡为古滑坡，滑坡发生于该处河流堆积阶地之后，运动方向与坡向近一致，形成大型不稳定斜坡。

坡体从上至下发育两级缓倾坡外的平台，上部平台坡度约 10°，边坡概貌（A）如图 4.2-2 所示。

图 4.2-2　边坡概貌（A）

坡体从上部缓倾平台向下至下部缓倾平台平均坡度约 36°，植被不发育，坡体主要为块碎石土，未见基岩出露。下部缓倾平台平均坡度约 15°，植被不发育，主要为块碎石，平均粒径明显小于上部缓倾平台，在 0.5～15cm 之间，边坡概貌（B）如图 4.2-3 所示。

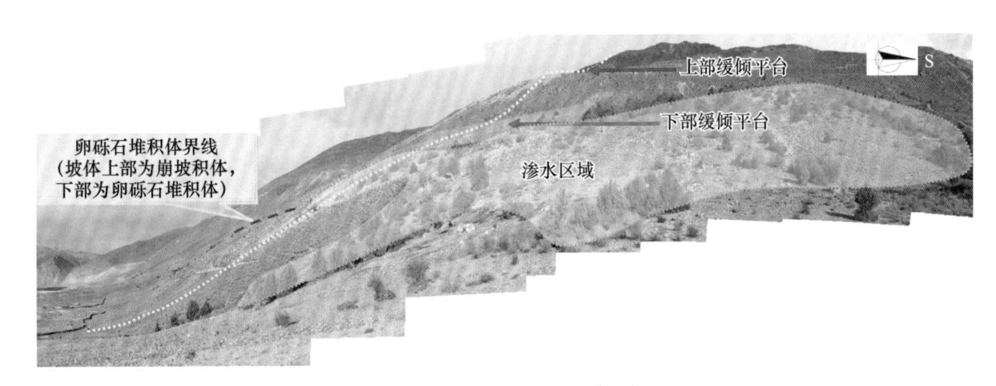

图 4.2-3　边坡概貌（B）

坡体下部缓倾平台至坡脚，平均坡度约 31°，主要为块碎石及卵砾石堆积体。块碎石主要为灰黑色、黄褐色板岩，粒径 0.5～10cm；卵砾石主要为灰白色、杂色强风化花岗岩，块碎石堆积体与卵砾石堆积体如图 4.2-4 所示。

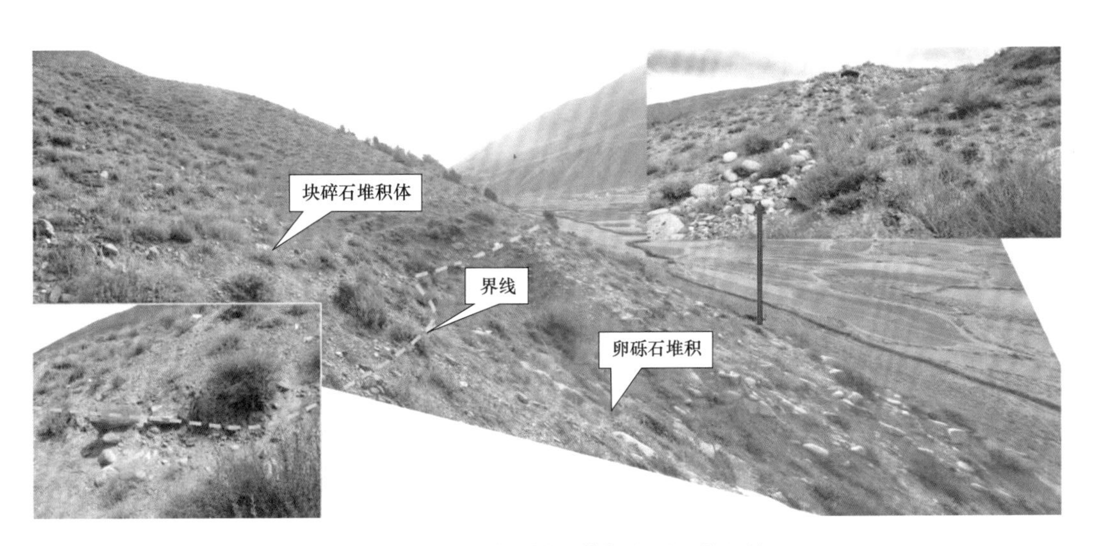

图 4.2-4　块碎石堆积体与卵砾石堆积体

坡体平台后部发育冲沟，冲沟由东南流向西北，冲沟内植被较发育，以灌木丛为主，表明冲沟汇水性较好；平台向坡顶坡度急剧增加，平均坡度大于 40°，局部垮塌，上部平台冲沟及平台后部山体如图 4.2-5 所示。

坡体下部缓倾平台之下分布有多处泉点及渗水带，渗水区域内主要分布碎石土，粒径 0.1～90cm，棱角状，主要为灰黑色、黑色板岩，偶见白色、乳白色大理石、石英块石。泉水水流量较大，水清澈，无异味，植被发育，以灌木和草甸为主。

图 4.2–5 上部平台冲沟及平台后部山体

二、斜坡结构及岩性特征

在坡体上布置 3 条剖面线，结合野外地质调绘、钻探、物探测试成果，其中 1–1′工程地质剖面图如图 4.2–6 所示。

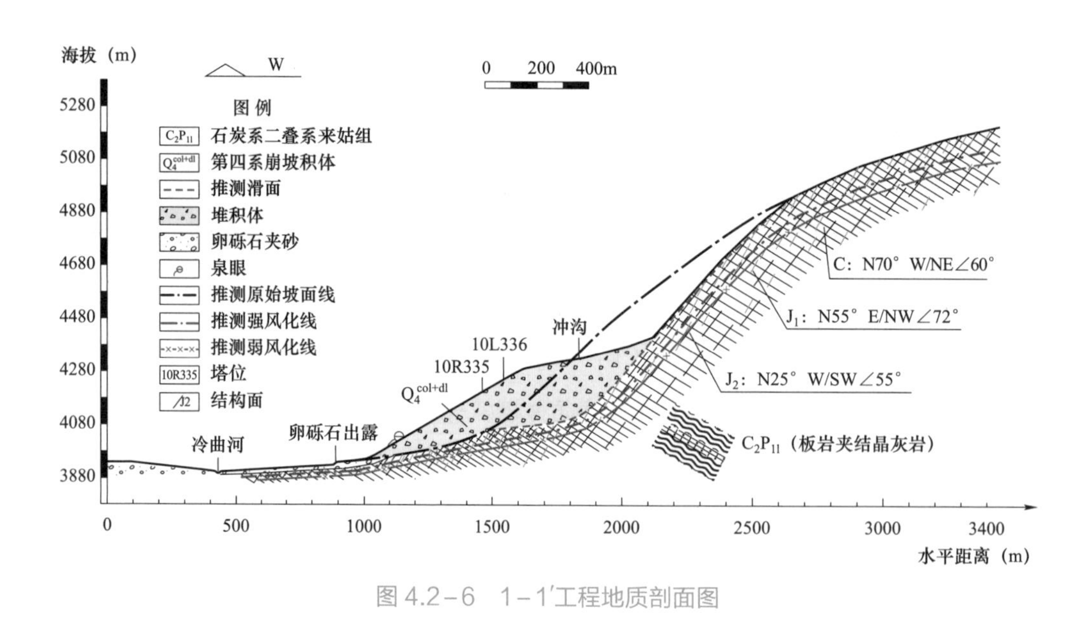

图 4.2–6 1–1′工程地质剖面图

根据野外调查，并结合区域地质图（1:25 万然乌幅），滑坡区基岩为二叠系来姑组

（C_{2P11}）灰黑色板岩、结晶灰岩，发育一组层面、两组结构面（层面 C_1：N70° W/NE∠60°；J_1：N55° E/NW∠72°；J_2：N25° W/SW∠55°；外坡向：275°）。优势结构面、层面及临空方向组合关系如图 4.2－7 所示。

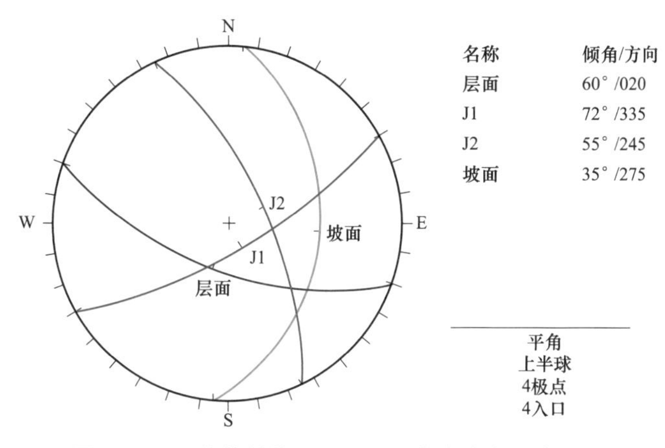

图 4.2－7　优势结构面、层面及临空方向组合关系

堆积体前部被侵蚀形成现今地形如图 4.2－8 所示，滑床基岩层面倾向坡内，J_1、J_2 结构面倾向与坡向近一致且相互交切。滑坡演变过程大致可分为以下几个阶段：岩体结构面向下发育→岩体结构面逐渐贯通→结构面完全贯通，下部产生剪切破坏，滑坡形成→滑坡堆积体前部受河流侵蚀，形成现今地貌。

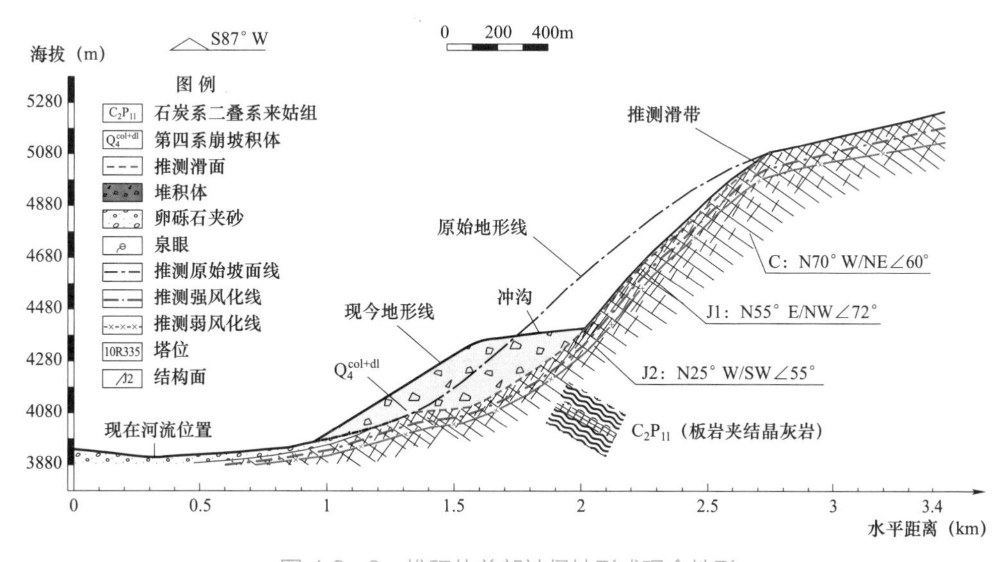

图 4.2－8　堆积体前部被侵蚀形成现今地形

三、斜坡整体稳定性分析与评价

滑坡堆积体前缘延伸远，坡脚不存在临空面，泥石流堆积体堆积在坡前，坡体向前滑动受阻。基岩为板岩，倾向坡内，反倾结构，增大了坡体与基岩的抗滑摩擦阻力，有利于坡体稳定，因此，定性分析认为，边坡整体稳定性较好。

为进一步确定滑坡在天然、暴雨、地震等情况下边坡的应力变化及稳定性情况，采用 GeoStudio（SEEP/W&SIGMA/W 模块）进行滑坡数值模拟，1－1′剖面数值计算模型如图 4.2－9 所示。

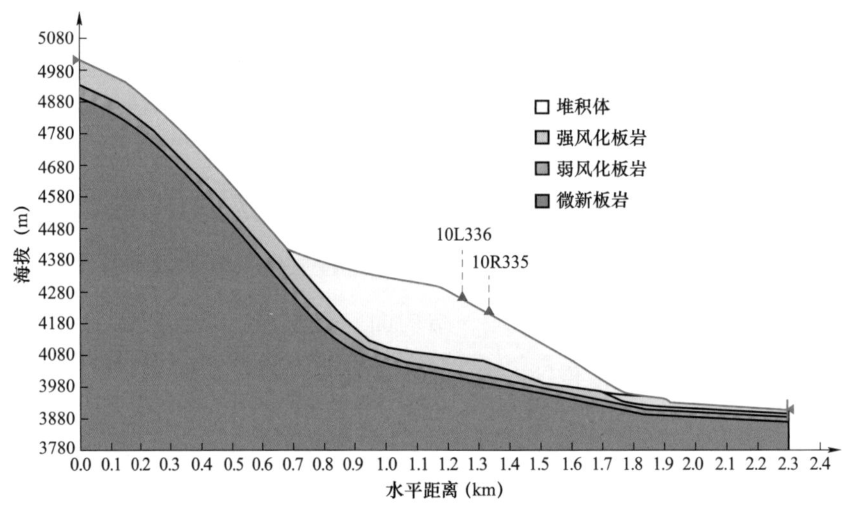

图 4.2－9　1－1′剖面数值计算模型

根据邻近区域资料及工程经验，综合选取模型计算所需岩土参数，研究区各类岩土体物理力学参数见表 4.2－1。

表 4.2－1　研究区各类岩土体物理力学参数

材料类型	天然			饱和		
	C（kPa）	φ（°）	γ（kN/m³）	C（kPa）	φ（°）	γ（kN/m³）
崩坡积体	38	33	21	22	30	22.5
强风化板岩	350	35	24	300	33	24.5
弱风化板岩	900	38	25	550	34	25.5
微新板岩	1200	42	26	1000	40	26.5

根据 GB 18306—2015《中国地震动峰值加速度区划图》图 A.1 和图 B.1，研究区的地震动峰值加速度值及地震动反应谱基于Ⅱ类场地的特征周期见表 4.2–2。

表 4.2–2　　研究区基于Ⅱ类场地地震动峰值加速度值一览表

沿线路段划分	地震动峰值加速度值（g）	基于Ⅱ场地类别的地震动反应谱特征周期（s）	地震基本烈度	依据
吉达乡	0.10	0.45	Ⅶ	GB 18306—2015 图 A.1、B.1

数值模拟主要考虑天然、暴雨、地震以及塔基荷载等条件下的稳定性，对应的工况分别为：

（1）天然工况：边坡在天然情况下的稳定性。

（2）天然+荷载工况：边坡在天然情况下加上输电塔荷载，主要考虑塔架荷载对边坡稳定性的影响。

（3）暴雨工况。

（4）暴雨+荷载工况。

（5）地震工况。

（6）地震+荷载工况。

边坡各工况计算结果见表 4.2–3。

表 4.2–3　　边坡各工况整体稳定性系数

工况	天然	荷载	暴雨	暴雨+荷载	地震	地震+荷载
稳定性系数	1.330	1.302	1.236	1.234	1.060	1.059

（一）天然工况、天然+荷载工况

天然工况稳定性系数为 1.330，大于 1.30，边坡整体稳定，最危险滑面位于斜坡段，与斜坡局部存在小型滑塌相吻合。

输电塔建成后边坡在荷载后稳定性系数为 1.302，大于 1.30，边坡在输电塔荷载条件下是稳定的。

（二）暴雨工况、暴雨+荷载工况

在暴雨工况下边坡上部缓倾平台坡脚存在负量值区域，说明该部位存在受拉的趋势。此外，暴雨情况下堆积体内部存在剪应变集中区域，但尚未贯通，暴雨工况下边坡稳定系数为1.236，说明边坡整体以及塔位是稳定的。

输电塔荷载作用下暴雨工况的边坡稳定性系数为1.234，略有降低，但边坡整体稳定性仍然较好，基本稳定。

（三）地震工况、地震+荷载工况

本区域地震动加速度为0.1g，地震工况下边坡稳定性降低明显，稳定性系数仅为1.06，加上塔位荷载后稳定性系数略降至1.059，边坡在地震工况下基本稳定。

综上所述，通过现场调绘、遥感解译、物探、勘探及室内试验等手段，对不稳定斜坡的物质组成、成因、不稳定体厚度、可能的滑动形式、发生滑动的诱因等进行勘察、分析，查明不稳定斜坡的特征，并对不稳定斜坡的稳定性进行定性和定量评价，对不稳定斜坡上输电线路塔基建设的适宜性进行评价，并提出相应的工程措施。

第三节　河谷风积沙

河谷风沙地貌是叠加于河流地貌之上的风成地貌，横贯藏南谷地的雅鲁藏布江，是河谷风沙地貌十分发育的地区。在辫状或乱流状水系极为发育的雅江上游和中游宽谷段，风沙地貌普遍发育。河谷内沙丘成群分布，形态复杂，以发育在谷坡上的爬升沙丘最具特色，不仅形态多，而且爬升高。

河谷地貌包括谷底和谷坡两大部分，谷底包括河床、河漫滩和低阶地；谷坡包括高阶地、洪积扇、斜坡和谷肩。河谷风沙地貌正是以谷底和谷坡作为两类不同性质和不同尺度的运动床面形成、发展或消亡的，风沙地貌形态主要取决于气流状况及其与下垫面之间的相互作用。在河谷近地表流场的作用下，二类运动床面在形态、坡度、结构和外营力作用方式等方面的差异，使风积地貌形态呈现较大差异：谷底的风沙流在较平坦的床面上输移、堆积，形成线形、新月形、金字塔形、弯状和抛物线形等常规风积地貌形态；谷坡上的风沙流则在倾斜运动床面从坡麓向坡顶输移，并在坡前、坡面及坡后堆积，形成以爬升沙丘为主的特殊风积地貌形态。

雅江河谷风积沙与沙漠地区风积沙在成因、地貌形态及分布特征等方面不同，河谷风积沙的工程力学特性及其稳定性，与沙漠地区风积沙具有显著的差异。

在风积沙地段进行输电线路岩土工程勘察时，必须对风积沙的形成原因、地貌类型进行深入了解，而后采取有针对性的专项勘察，查明风积沙形成时代、厚度、颗粒组成、密实程度等，避免设计承载力不足、施工时坑壁坍塌等安全隐患。

下面以高海拔山区典型的风积沙斜坡为例，介绍开展河谷斜坡风积沙专项勘察工作的方法和步骤。

高海拔地区某输电线路工程风积沙地层主要集中在雅鲁藏布江河谷及两侧斜坡上，其中某基塔位于雅江南岸米林县仲莎村西南山地半坡，高程约 3150m，整体坡度约 30°，塔基地基土为风积沙地层，植被发育，以松树为主，未见林木倾斜，塔位所处边坡及原始地形图如图 4.3－1 和图 4.3－2 所示。

图 4.3－1　塔位所处边坡

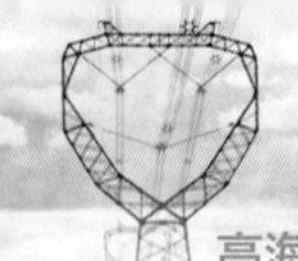

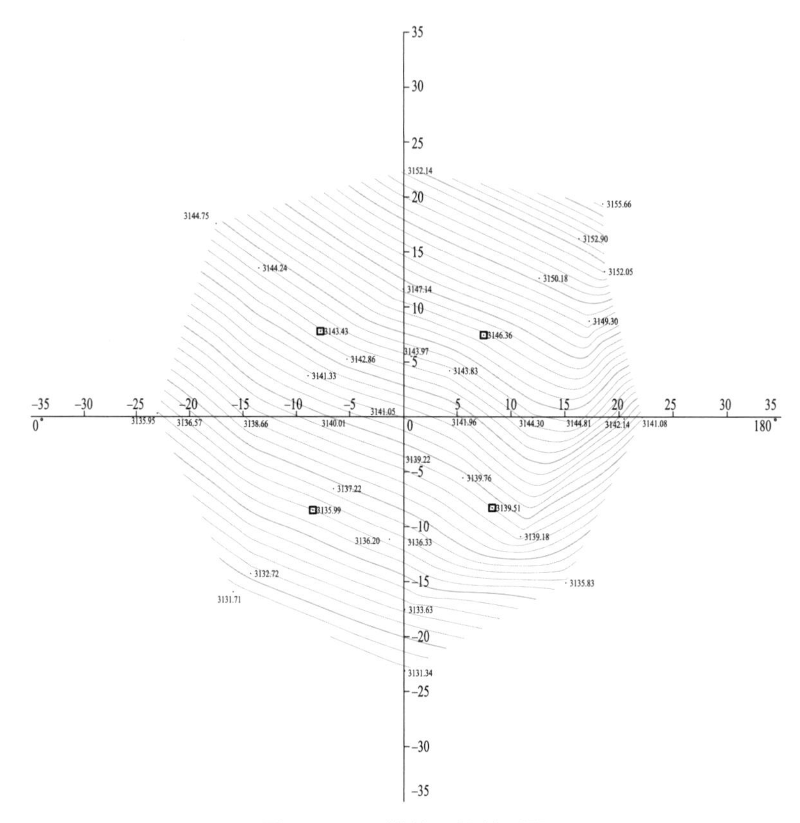

图 4.3-2　塔位原始地形图

该塔位地层以粉细沙为主，混有少量碎石及砾石。塔位附近未见临空面，坡脚未见地下水溢出，塔位附近未见明显的不良地质作用；据相关文献，爬升风成沙坡的形成，经历了以年为周期的风积和水力作用，爬升沙丘位置越高，形成时代越早，米林段采样测试年龄为 29～48.7ka。由最初的移动沙丘，最后发展成固定沙丘，并覆盖良好植被，达到自然稳定状态，坡体稳定性较好。

采用数值软件 MIDAS-GTS 模拟计算，定量评价风积沙坡体稳定性。该软件采用基于有限单元法的强度折减法，原理是将边坡岩土体物理力学参数黏聚力 c 和内摩擦角 ϕ 均除以折减率 F，得到一组新的 c、ϕ 值，将折减后的抗剪强度指标作为新的计算参数输入，再进行试算，直到计算不能收敛为止，将不能收敛的阶段视为破坏，并将该阶段的最大强度折减率作为边坡的最小安全系数，此时坡体达到极限状态，同时可以得到坡体的破坏滑动面。

根据现场勘察、室内试验及动力触探成果，斜坡岩土体分层如图 4.3－3 所示，材料属性见表 4.3－1。

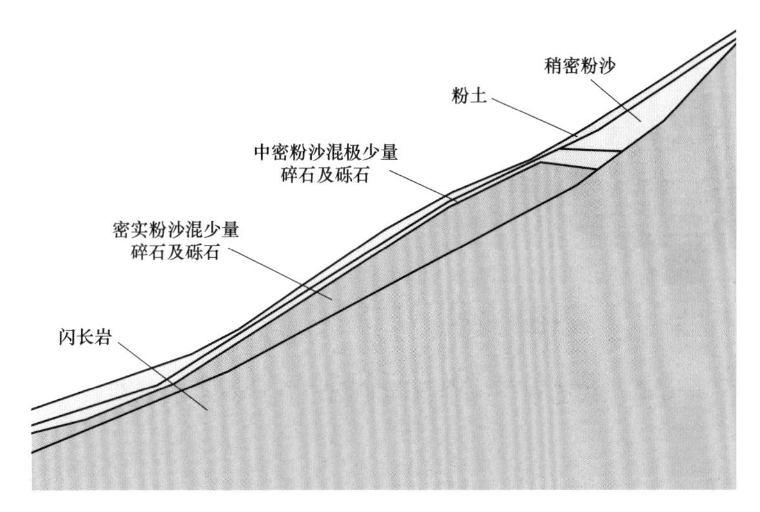

图 4.3－3　斜坡岩土体分层

表 4.3－1　材料属性

名称	弹性模量（MPa）	泊松比	容重（kN/m³）	c（kPa）	φ（°）
粉土	20	0.3	17	4.75	27.60
稍密粉沙	50	0.3	18	5.00	30.25
中密粉沙混极少量碎石及砾石	70	0.3	18	8.49	30.43
密实粉沙混少量碎石及砾石	90	0.3	19	8.49	30.43
闪长岩	100 000	0.3	25	—	—

计算采用的三维边坡模型总单元为 43 169 个，节点 26 782 个，模拟 5 个不同地层及桩部分，土层分别为粉土、稍密粉沙、中密粉沙混极少量碎石及砾石、密实粉沙混少量碎石及砾石和闪长岩。模型长 316m，宽 100m，前缘厚 35m，后缘厚 201m。荷载除土体自重外，还包括桩的集中荷载。杆塔桩基础位置如图 4.3－4 所示，网格剖分情况如图 4.3－5 所示。

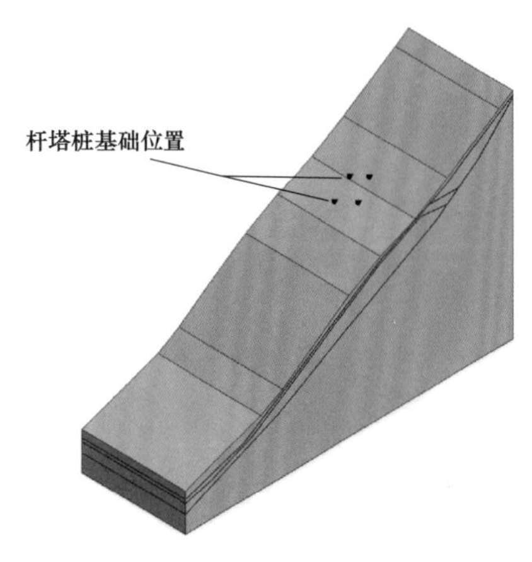

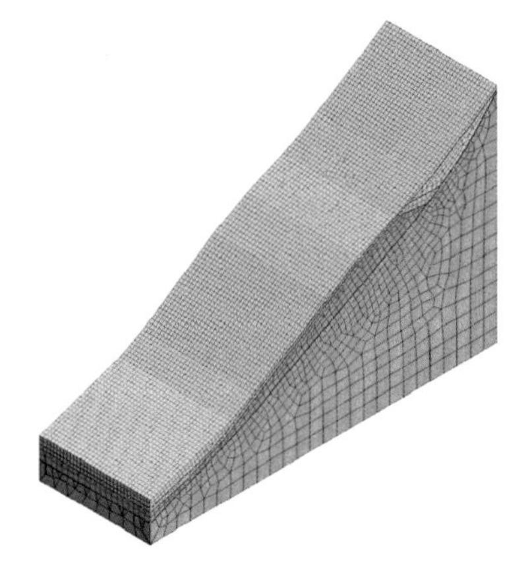

图 4.3-4　杆塔桩基础位置　　　　图 4.3-5　网格剖分情况

经过验算，数值模拟共选取了 4 个危险工况进行计算，工况荷载见表 4.3-2。

一、斜坡稳定模型

（一）工况 1

工况 1 条件下，塔基 A、B、C、D 腿的荷载组合情况见表 4.3-2 和如图 4.3-6 所示，工况 1 总位移云图和桩周土体总位移云图局部放大图分别如图 4.3-7 和图 4.3-8 所示，工况 1 塔基 D 腿桩周土体变形云图如图 4.3-9 所示。

表 4.3-2　　计算工况表

工况名称	桩号	FZ（kN）	PX（kN）	PY（kN）
工况 1	A	682.12	-155.550 793 7	135.018 605 6
	B	1415.72	-319.866 979 5	-187.446 509 5
	C	-1023.51	-152.658 159 9	170.647 507 8
	D	-1687.93	-315.530 726 7	-200.008 305 3
工况 2	A	-1131.02	224.274 570 8	-167.212 126 1
	B	712.11	-191.148 699 8	-54.041 586 6
	C	524.54	39.263 657 96	-124.167 243 9
	D	-1012.09	-134.339 484 6	-170.602 842 7

续表

工况名称	桩号	FZ（kN）	PX（kN）	PY（kN）
工况 3	A	991.52	– 145.156 448 3	194.181 589 4
	B	– 1195.24	213.102 680 9	161.302 740 9
	C	– 1233.02	– 140.041 456 2	217.313 663 5
	D	734.43	117.179 727 6	105.327 139 7
工况 4	A	– 1379.05	164.868 680 7	– 249.245 131 2
	B	1020	– 198.232 657 6	– 152.481 782 4
	C	761.57	84.400 717 23	– 137.947 67
	D	– 1415.03	– 231.597 070 8	– 182.156 403 4

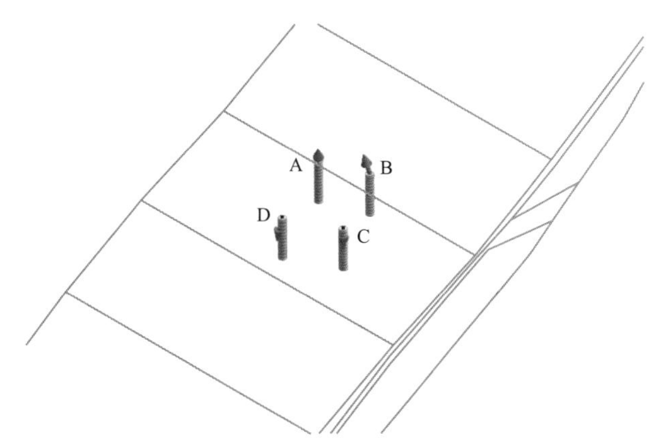

图 4.3–6　工况 1 塔基 A、B、C、D 腿的荷载组合

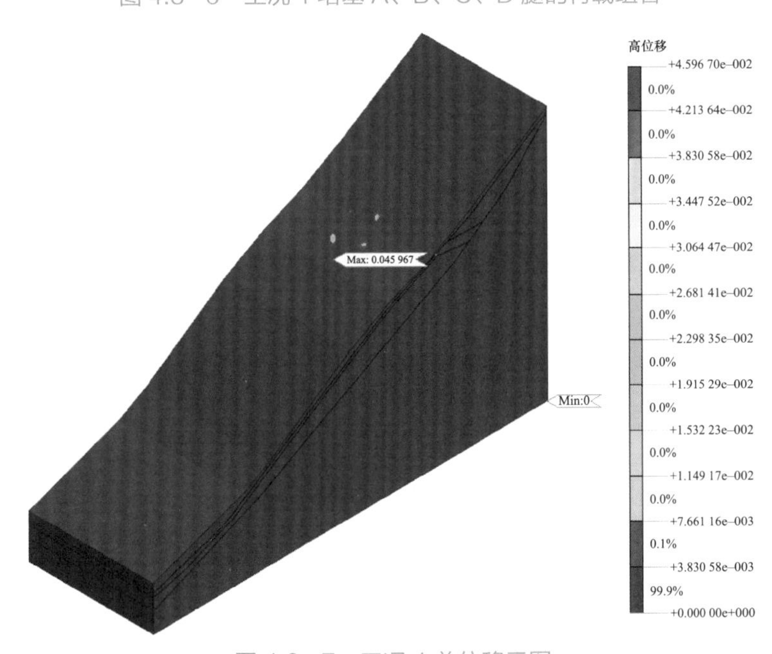

图 4.3–7　工况 1 总位移云图

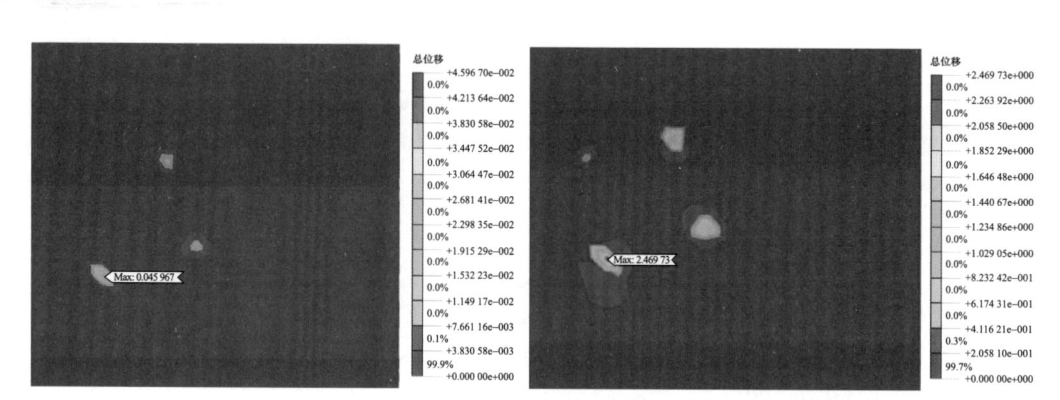

图 4.3−8　工况 1 总位移（左）及桩周土体（右）位移云图局部放大图

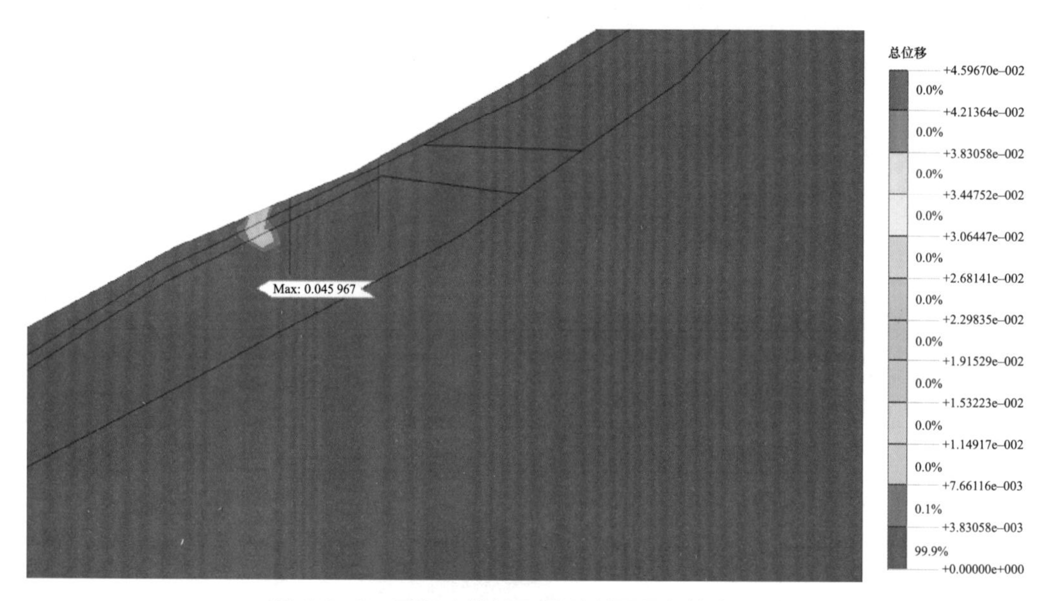

图 4.3−9　工况 1 塔基 D 腿处剖面局部放大云图

从图 4.3－6～图 4.3－9 可以看出，塔基运行在工况 1 情况下，最大总位移约 4.6cm，桩周土体最大位移约 2.5cm。塔基对桩周土体变形影响较小。在 D 塔基处截取剖面显示，塔基在荷载组合作用下，位移影响向下扩展至密实砂层，影响深度不大。

按强度折减法计算斜坡安全系数为 1.357，与天然状态斜坡安全系数 1.358 相比略微降低，说明在斜坡上修建杆塔不会对斜坡的稳定性构成影响。

（二）工况 2

在工况 2 情况下，最大总位移约 2.3cm，桩周土体最大位移约 1.4cm。塔基对桩周土体变形影响较小。在 D 塔基处截取剖面显示，塔基在荷载组合作用下，位移影响向下扩展至密实砂层，影响深度不大。

按强度折减法计算斜坡安全系数为 1.358，与天然状态斜坡安全系数 1.358 相比保持一致，说明在斜坡上修建杆塔不会对斜坡的稳定性构成影响。

（三）工况 3

塔基运行在工况 3 情况下，最大总位移约 2.1cm，桩周土体最大位移约 1.3cm。塔基对桩周土体变形影响较小。在 B 塔基处截取剖面显示，塔基在荷载组合作用下，位移影响向下扩展至密实砂层，影响深度不大。

按强度折减法计算斜坡安全系数为 1.358，与天然状态斜坡安全系数 1.358 相比保持一致，说明在斜坡上修建杆塔不会对斜坡的稳定性构成影响。

（四）工况 4

塔基运行在工况 4 情况下，最大总位移约 7.3cm，桩周土体最大位移约 4.2cm。塔基对桩周土体变形影响较小。在 B 塔基处截取剖面显示，塔基在荷载组合作用下，位移影响向下扩展至密实砂层，影响深度不大。

按强度折减法计算斜坡安全系数为 1.356，与天然状态斜坡安全系数 1.358 相比保持，说明在斜坡上修建杆塔不会对斜坡的稳定性构成影响。

二、塔基稳定模型

为研究塔基及其荷载作用对周围土体的破坏情况，按地形重建三维精细塔基稳定分析模型，进行了 4 种工况（见表 4.3－2）的数值模拟，三维精细塔基稳定分析模型的地层同斜坡稳定分析模型一致，建立模型总单元数 58 590，节点为 37 499，三维精细塔基稳定分析模型期塔基位置图如图 4.3－10 所示。

通过有限元计算分析，得到塔位斜坡及加荷后位移分布，加荷后塔基位移均较小。塔基在荷载组合作用下，位移影响向下扩展至密实砂层，影响深度不大。天然状态下边坡稳定性安全系数为 1.358，斜坡稳定。四种工况的斜坡安全系数为 1.356～1.358，相比天然状态略小或持平，说明修建杆塔不会对斜坡的稳定性构成影响。

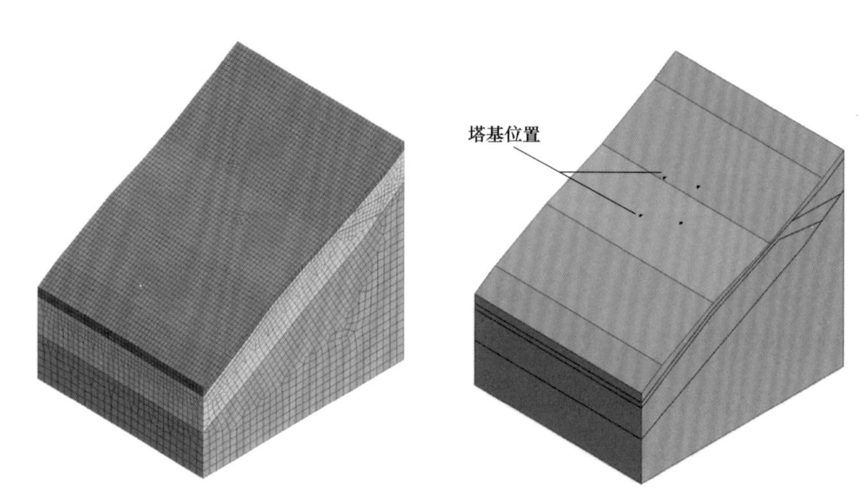

图 4.3－10　三维精细塔基稳定分析模型期塔基位置图

三、极限工况分析

计算极限工况最不利的情况为地震＋降雨耦合条件。此工况及对应的计算软件、分析类型及主要计算指标见表 4.3－3。

表 4.3－3　　计 算 工 况 表

工况类型	计算软件	计算方法	主要计算指标
地震降雨耦合	SLOPE	Morgenstern-Price	斜坡安全系数

通过建模，并对模型施加 0.3g 的水平地震荷载，采用拟静力法计算斜坡的安全系数。计算得到的该斜坡的安全系数及最危险潜在滑动面如图 4.3－11 所示。

从图 4.3－11 可以看出，斜坡最危险潜在滑动面位于边坡中部偏下，其水平向范围在 124～232m 之间，且并未涵盖人工挖孔桩所在位置（水平向 97～116m）。在地震＋降雨联合条件下，斜坡的安全系数为 1.093，斜坡在此工况下稳定性最差，但仍然能够保持基本稳定。

综上所述，根据定性、定量分析结果，该塔基所在斜坡稳定。

河谷风积沙斜坡专题研究，通过现场调绘、勘探及室内试验等手段，对河谷风积沙斜坡的颗粒组成、胶结程度、风积沙的厚度、风积沙层底的斜坡坡度、软弱夹层的分布等进行勘察，查明河谷风积沙斜坡的工程特性，并对河谷风积沙斜坡的稳定性进行定性和定量评价，最后对河谷风积沙分布区斜坡上输电线路塔基建设的适宜性进行评价并提出相应的工程措施。

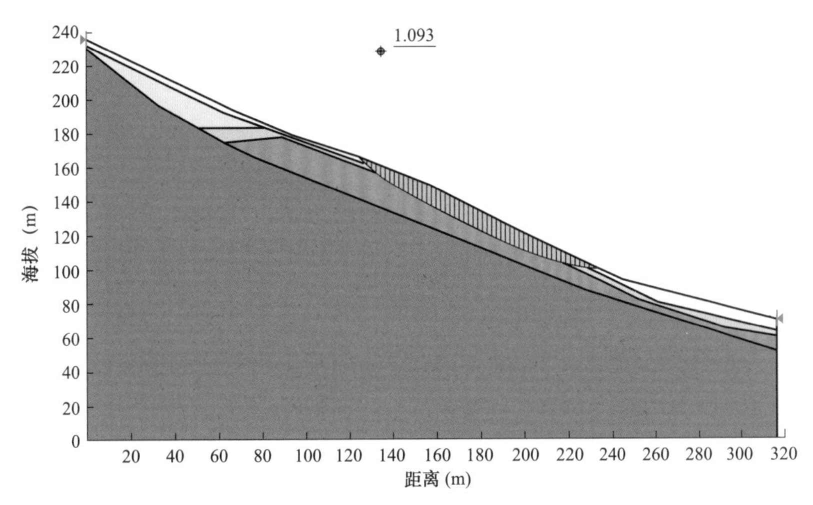

图 4.3－11　地震降雨联合作用下斜坡安全系数及最危险潜在滑动面

第四节　碎石堆积体

碎石堆积体一般呈松散的天然休止状态，稳定性较差，上部岩体仍有进一步崩塌的风险。碎石堆积体形成年份需几十年至数百年不等，厚度变化较大，线路走线时需考虑尽可能避让。当无法避让时，需进行岩土工程专项勘察。

碎石堆积体作为重要的地质隐患，是岩土工程勘察各阶段重点关注的地质问题，高海拔地区的碎石堆积体具有一定的特殊性，主要表现为：碎石堆积厚度大、堆积历史长、堆积体粒径大及堆积体分布范围广等。

碎石堆积体专项勘察一般在初步设计阶段或施工图设计阶段进行。专项勘察工作所采用的勘察手段与规范中滑坡及不稳定斜坡的勘察手段基本一致，但在高海拔地区，应考虑勘察方法的适用性，尽可能采取搜集分析资料、遥感地质解译、工程地质调查及工程物探等手段，并对不稳定斜坡进行定性和定量的评价。

以高海拔地区典型碎石堆积体斜坡为例，介绍开展碎石堆积体斜坡专项勘察工作的方法和步骤。

某高海拔地区输电线路在芒康县如美镇澜沧江右岸中上部陡坡地带有部分塔基位于碎石堆积体上，以该碎石堆积体斜坡为例，分析和评价堆积体上塔基的稳定性。

该地段地形高陡，临江坡高达 2000m 以上，临江最高峰顶高程 4918m，2680m 高程以下基本为陡壁，2680～3050m 高程自然坡角 45°，3050m 高程以上岸坡稍缓，自然坡角 35° 左右。斜坡冲沟发育，线路跨越大型沟谷型泥石流沟，沟口在澜沧江右岸形成巨大的堆积扇，影响主河道形态。各塔位位于山体中部陡坡上，坡面无植被，岩体破碎，风化、卸荷强烈，裂隙发育，坡面冲沟发育，形成山脊、冲沟相间地形。部分冲沟平行发育，至一定高程后相交同源，形成条形山脊，或扇形山脊。山脊坡度较陡，上部多见危岩、松散的碎石，时有块石崩落，地质灾害危险性大。

该塔基位于条形台阶状山脊，基岩岩性为英安岩、流纹岩，局部有石英岩脉，岩质脆硬，表层风化、卸荷严重。山脊两侧发育冲沟，冲沟与河流近垂直，沟内多为崩坡积物，平台处多堆积崩塌块石（厚度 3～15m），通过地质雷达测试堆积体厚度大于 10m，塔位地质雷达揭示岩土层分布图如图 4.4－1 所示。塔位地表为崩塌堆积体，厚度 2～9m，前缘出露基岩倾倒变形。塔基位置示意图如图 4.4－2 所示，塔位所在坡体典型剖面图如图 4.4－3 所示。

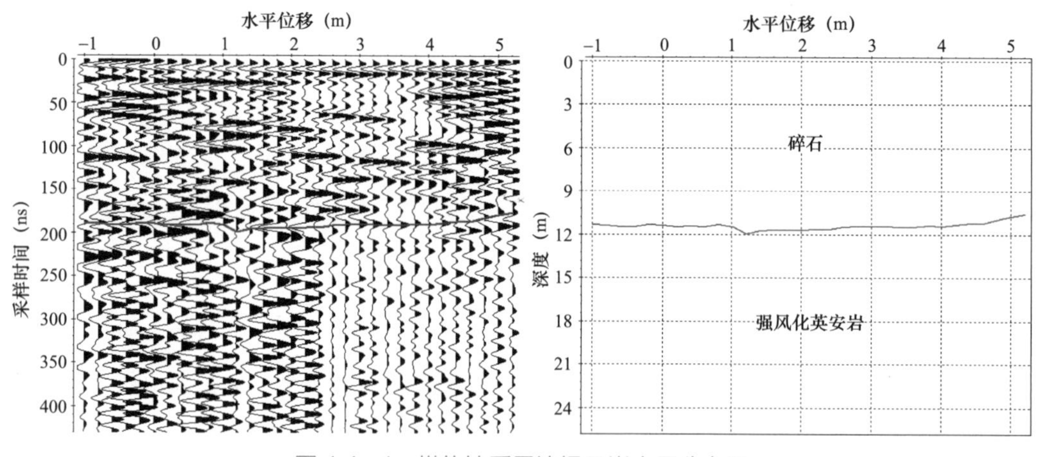

图 4.4－1　塔位地质雷达揭示岩土层分布图

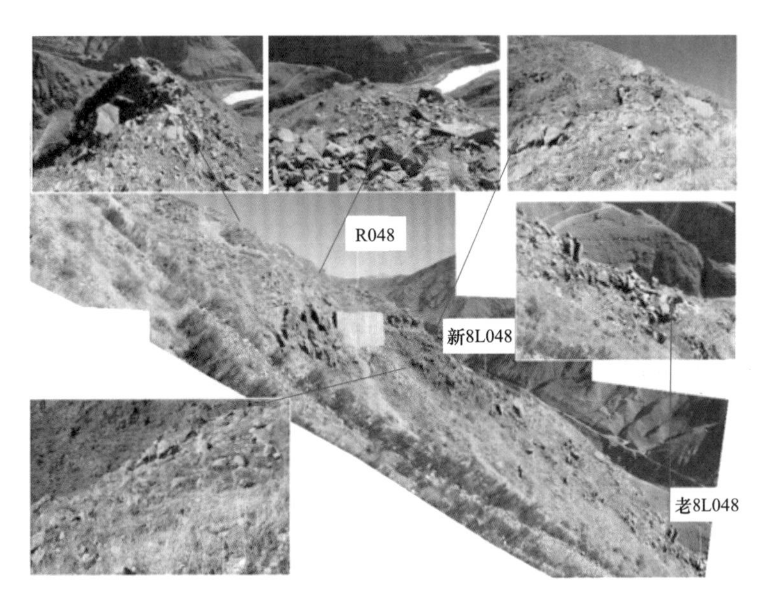

图 4.4-2 塔基位置示意图

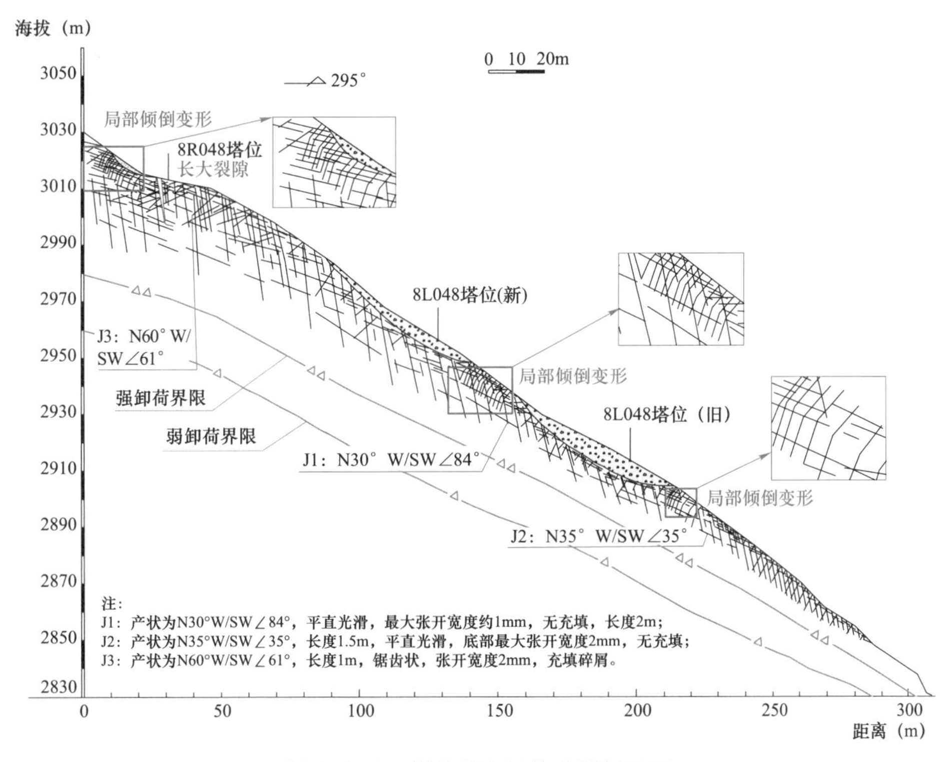

图 4.4-3 塔位所在坡体典型剖面图

塔基位于崩塌堆积体前缘，具临空面。桩基开挖过程中，堆积体变形，造成桩基护壁变形、上部坍塌。桩基下部基岩倾倒变形，岩体碎裂，局部向临空面崩落；下部表层岩体有错动，B 腿护壁开裂如图 4.4-4 所示，位于堆积体前缘，前为陡坎，具临空条件，开挖揭露堆积体厚约 9m。下部岩体卸荷明显，碎裂化严重，在下滑推力作用下，桩基被直接剪坏，上部崩塌。

综上，该处稳定性较差，不适宜立塔，采用改选塔位处理。

图 4.4-4 B 腿护壁开裂

第五节 泥 石 流

高海拔地区输电线路沿线的泥石流主要为暴雨型泥石流和冰川泥石流，不同地段存在着较大差异。根据 GB/T 50548—2018《330kV～750kV 架空输电线路勘测标准》，泥石流勘察主要查明泥石流的形成条件、类型、规模、发育阶段和活动规律，并对线路通过的适宜性进行评价，提出穿越、跨越、避绕等处理措施的建议。泥石流勘察的手段以工程地质调查、遥感解译为主，调查的主要内容包括区域地质、地形地貌和水文气象条件，泥石流分布及活动特征、人类活动和当地防治泥石流的工程经验等。同时，对于下列地段，规范认为不宜设立塔位。

（1）不稳定的泥石流河谷岸坡。

（2）泥石流河谷中松散堆积物分布地段。

（3）泥石流流通区地段。

高海拔地区泥石流与一般地区相比，其特殊性主要表现在：高海拔地区除了暴雨型泥石流外，还有规模较大的冰川型泥石流及两者的叠加。

当拟建线路路径上或其附近存在对线路塔位安全有影响的泥石流时，应进行泥石流专项勘察。泥石流专项勘察一般在可行性研究或初步设计阶段进行。泥石流专项勘察的手段主要以工程地质调查、遥感解译为主，泥石流的评价采用定性与定量相结合的方法。

泥石流的危险性评价是指在流域范围内对泥石流形成的影响因素进行的综合分析，对泥石流的活跃性及危险程度作定量的评价，用来反映泥石流发生机会的大小及可能造成的破坏。泥石流危险性评价方法可归纳为以下三类。

（1）利用区域内泥石流的活动状况、沟谷分布密度、发生频率、发生规模等指标进行危险度区划，即直接指标法，该法适合于资料完整地区的泥石流危险度区划，区划结果准确可靠，但需要掌握区域内泥石流活动的详细资料，因此对较大的区域进行泥石流危险度区划难度很大。

（2）利用区域内泥石流发育的环境背景条件如地形、地质、植被、降水等泥石流形成环境背景指标，进行泥石流危险度区划，即间接指标法，间接指标法适合于大区域泥石流危险度区划，但其区划结果的准确性很难得到有效的验证。

（3）利用区域内泥石流沟分布和活动等泥石流特性指标，泥石流发育环境背景条件等指标相结合进行区划的方法，即综合指标法，此种方法结合了前两种方法的优点，但样区选取的代表性和工作程度成为影响区划模型和区划结果的决定因素。

以高海拔地区两处典型的泥石流为例，介绍开展泥石流专项勘察工作的方法和步骤，即帕隆藏布区段和然乌湖区的两个泥石流群。

一、帕隆藏布区段泥石流段

某高海拔山区输电线路部分塔基位于G318国道、帕隆藏布河南岸的山前斜坡带，塔位距离G318国道较近。该地段为侵蚀剥蚀低高山地貌和河流侵蚀堆积山间河谷地貌两个地貌单元：① 侵蚀剥蚀低高山地貌地段，地形起伏较大，沿线海拔基本在2800～4000m，相对高差为 400～1200m。山梁顶部较浑圆宽大，斜坡陡缓不一，山梁斜坡坡度一般25°～45°，坡面植被一般较发育。② 河流侵蚀堆积山间河谷地貌地段，海拔为 2800～3000m，地形相对平缓开阔，局部发育河流冲积阶地，植被较发育。

（1）泥石流形成的地质环境条件：泥石流沟宽 20～80m，沟深 5～15m，走向为 195°。沟内被植被所覆盖，沟内侧及上部可见基岩出露，沟内无常态流水。基岩为闪长岩，节理裂隙较发育，坡表岩体中—强风化，局部全风化。泥石流沟两侧以碎石土为主，块石粒径 5～20cm，约占 25%。泥石流沟口堆积区最低高程 2848m，最高高程 3054m，纵向长约 1140m，堆积区横向长 450m，堆积体平均深度 40m，方量 $2125.5\times10^4m^3$。泥石流冲沟及遥感解译分别如图 4.5－1 和图 4.5－2 所示。

图 4.5－1　泥石流冲沟

图 4.5－2　泥石流遥感解译

（2）地层岩性：泥石流沟主要出露的地层为燕山早期花岗岩、闪长岩及第四系全新统松散堆积物。

（3）固体物源：泥石流沟主要物源为冰碛物、崩滑堆积物、残坡积物和洪积物。松散固体物质总方量约 $2.12\times10^7m^3$，主要由块石、泥沙和粉质黏土组成，块石粒径一般为 0.5～2m。

（4）泥石流类型：该泥石流按水源划分为暴雨型（融雪）泥石流，按物源为崩滑型泥石流，按集水区地貌特征为沟谷型泥石流，按爆发频率为低频泥石流，按物质组成为泥石型泥石流，按流体性质为稀性泥石流。

该泥石流属低易发泥石流，现属于衰退期，对其安全性评价采用历史分析法和规范查表法两种方法。

（1）历史分析法：根据走访，该泥石流沟形成之后，在沟口形成较大的完整堆积扇，后期由于物质来源减少和水动力变化，泥石流暴发的频度、规模大幅度减小。同时，在流通区和堆积区已形成相对良好的植被覆盖，在沟口也修建了村庄（瓦巴村，该村并未受泥石流较大影响），仅在雨量较大季节有少量块石泥沙随水流冲下，该泥石流沟有记录以来未发生过较大规模的泥石流（毁房屋、道路和耕地，造成人畜伤亡）。综合分析，该泥石流沟的活动状况较为稳定，属低易发泥石流沟。

（2）规范查表法：根据 DZ/T 0220—2006《泥石流灾害防治工程勘查规范》附录 G，即泥石流沟的数量化综合评判及易发程度等级标准，对该泥石流沟进行易发程度数量化评分和综合判别，该泥石流的易发程度数量化评分值为 81 分，属低易发泥石流沟。

该区段塔基位于流通区斜坡上，坡度小于 25°，塔位周边发育柏树及灌木等植被，坡面零星分布碎石和块石，综合分析后认为塔位处稳定性较好。

二、然乌湖区段泥石流

然乌湖区段泥石流群位于瓦达村附近，主要包括三条泥石流沟（编号 NS01、NS02 和 NS03）。

然乌湖区段泥石流群属于冰川悬谷地貌，主要出露地层为侏罗系侵入岩系和第四系全新统松散堆积物。泥石流群沟谷相邻较近，水平距离仅 400～3600m，靠近国道 G318。因此，控制泥石流发育的降水等气候条件基本一致，泥石流的易发程度、发生泥石流的灾害严重性取决于沟谷的地形地貌、固体物源。三条泥石流沟位置接近，性质相似，以下以其中一条泥石流 NS01 为例，介绍评价方法。

（一）NS01 泥石流的发育条件

NS01 位于然乌湖左岸，沟口距然乌湖约 500m，其下游侧分水岭与 NS02 相接。该沟发源于瓦巴村后高山区，自西北侧现代冰川向东南流经悬谷及沟谷，穿过堆积扇汇入然乌湖，属然乌湖支沟。NS01 流域呈“镰刀”形如图 4.5－3 所示，流域由上到下逐渐变窄，流域面积约 14.46km^2。流域地势西北高、东南低，流向 168°，后缘分水岭高程约 5466m，悬谷谷口高程 4350m，沟口高程约 4028m，流域相对高差约 1438m，主沟延伸长度达 8.79km，NS01 主沟全貌特征如图 4.5－4 所示。

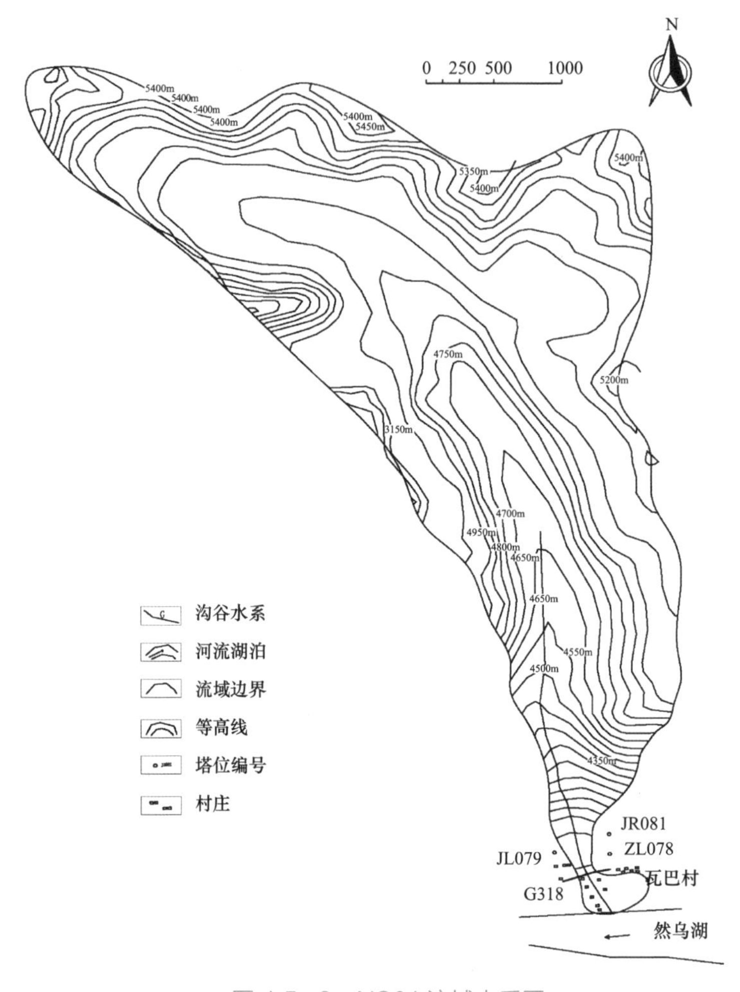

图 4.5-3　NS01 流域水系图

图 4.5-4　NS01 主沟全貌特征

沟床比降是沟谷形态最重要的要素之一，是泥石流体转变为动能的必要条件，也是控制泥石流形成和运动的重要因素。一般情况下，沟床比降越大，越有利于山洪、泥石流的发生。通过对我国西部150条泥石流沟的沟床比降统计分析见表4.5－1，泥石流沟平均沟床比降多在 50‰～400‰，尤以 100‰～300‰居多，表明泥石流沟床比降为100‰～300‰对泥石流形成和运动最有利。

表4.5－1　　我国西部泥石流沟床比降统计表

沟床比降（‰）	＜50	50～100	100～300	300～400	400～500	＞500	小计
泥石流条数	3	26	82	28	5	6	150
所占比例（%）	2	17.3	54.7	18.7	3.3	4	100

NS01主沟平均比降约170.4‰，沟床整体比降较陡，不同高程沟坡坡度及形态特征见表 4.5－2。可见其前缘沟床及后缘中段相对较缓，NS01 主沟沟床比降利于泥石流运动，有利于形成泥石流。

表4.5－2　　NS01主沟沟谷地貌要素统计表

高程（m）	沟长（km）	高差（m）	比降（‰）	沟谷形态	两岸坡度（°）	沟床宽度（m）	地貌单元
沟口～4000	0.8	88.1	108.7	相对平坦型	5～12	15～80	洪积扇
4000～4380	0.98	381.8	388.3	不对称V形谷	34～87	3～15	悬谷悬挂段
4380～4630	1.82	249.6	137.1	不对称U形谷	12～34	35～80	悬谷区
4630～5180	4.99	552.3	110.6	不对称U形谷	22～45	80～220	冰川堆积区

NS01泥石流沟属冰川悬谷地貌如图4.5－5和图4.5－6所示，冰川谷口以上为长约7.5km的U形谷，谷底较平缓、宽阔，谷口处逐渐变窄。悬谷段沟谷狭窄、蜿蜒曲折，沟槽两岸及沟底大多基岩裸露。下游堆积区呈扇锥形，老洪积扇堆积长度约 900m，宽度约600m，厚度大于30m，洪积扇中间由于水流冲刷形成沟槽。

NS01流域基岩地层为侏罗纪花岗岩（J_1r），强风化—中等风化，岩石较坚硬，破碎，节理裂隙较发育，强风化厚度一般1～3m。第四系松散堆积物主要有冰碛物（Q_4^{gl}）、崩积物（Q_4^{col}）和沟口部位的冲洪积粉细砂和漂卵石（Q_4^{al+pl}）及泥石流堆积物（Q_4^{df}）。

图 4.5－5　NS01 悬谷沟谷地貌特征

图 4.5－6　NS01 下游洪积扇堆积及现在沟槽特征

NS01 泥石流物源主要为冰碛物、沟床堆积物与坡面的崩、残坡积物，如图 4.5－7 所示。

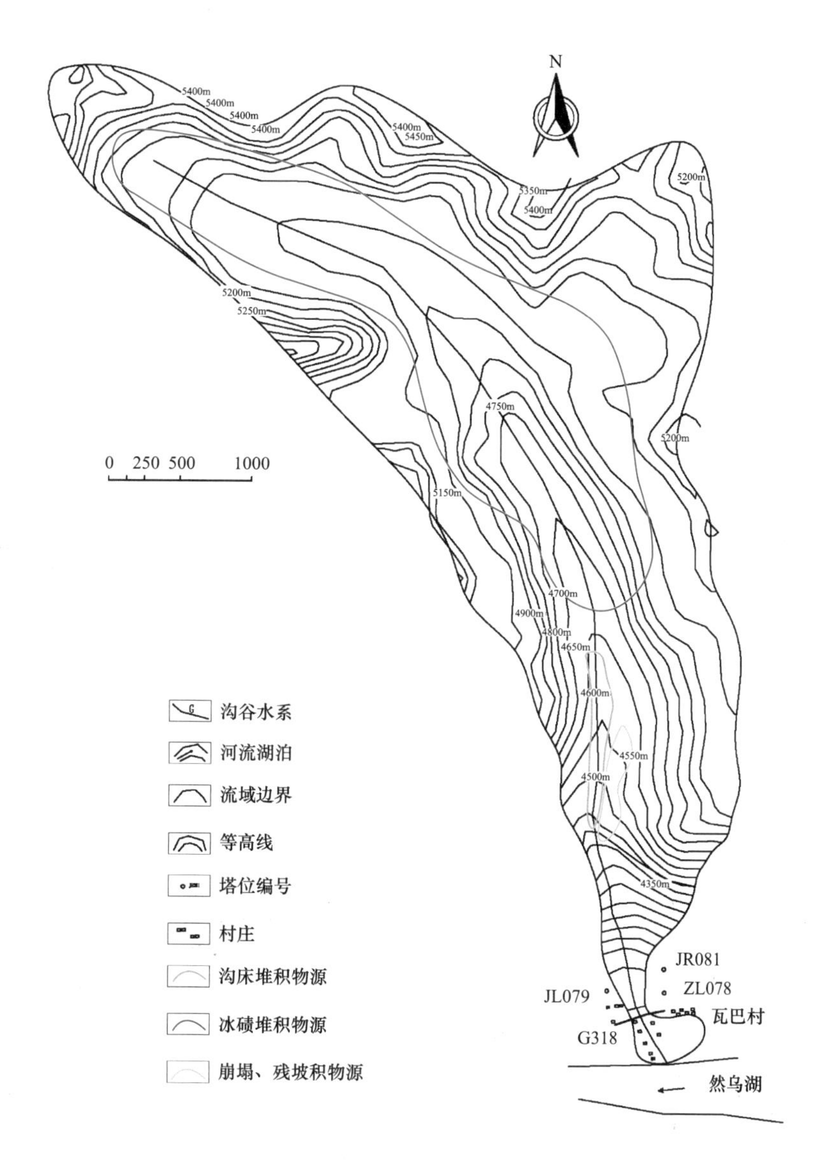

图 4.5-7　NS01 流域物源分布图

统计表明，NS01 流域内规模相对较大的冰碛物源有 B1、B2 共 2 处。B1 位于沟上游冰川堆积区，沿沟分布 2.3km，宽 300m，厚 25～35m，体积 $1.44\times10^7m^3$，平面形态呈不规则长条形，沿冲沟呈带状延伸，组成物质主要为大块石、块石及碎石，架空结构，透水性极好，雪山、冰川融水沿该层渗出。在暴雨或急剧升温的气候条件下，上游洪水可携带少量较小颗粒物质向下游移动，可形成水石流沉积在谷内，其规模不足以构成泥石流的主要物源。

B2 为沟中上游冰川边缘堆积区，主要分布在沟左侧，长 280m，宽 60m，厚 6～10m，体积 1.68×10^{4}m^3，为早期冰川侧碛垄，沿左侧支沟呈扇形堆积，组成物质主要为大块石、块石，沟谷内基本不存在能起沙的水流，因此，该堆积物也不构成泥石流沟的物源。各类物源分布特征如图 4.5－8 和图 4.5－9 所示。

图 4.5－8　B1 物源分布特征图

图 4.5－9　B2 物源分布特征图

调查表明，NS01 泥石流物源主要分布于主沟内，集中在沟床宽缓段，分布海拔 4320～4510m，如图 4.5－10 所示，该段长度约 680m，宽度 18～45m，厚度约 4～6m。组成物质以碎块石、少量漂（孤）石为主，大部分为冰碛物，总量约 1.02×10^{5}m^3。

图 4.5－10　海拔 4320～4510m 沟床段堆积物源

NS01 沟谷两岸植被覆盖率高，生态环境总体较好。坡面侵蚀作用相对较弱，水土流失低，按类似植被、岩性、降雨条件、水力侵蚀模数类比分析，按工程设计 100 年考虑，水土流失可提供松散固体物总量约 1.02×10^{4}m^3。

综上所述，NS01 沟泥石流物源主要包括冰川冰碛堆积物、沟床冲积物、坡面崩积物、残坡积物四类，物源总量为 1452.9 万 m^3，其中能形成泥石流的动储量为 5.42 万 m^3，见表 4.5－3。

表 4.5－3　　NS01 流域松散固体物源统计总表

物源类型	物源总量（10^4m^3）	占泥石流物源总量的百分比（%）	动储量（10^4m^3）	占可参与泥石流物源的百分比（%）
冰川冰碛堆积物源	1441.68	99.23	1.68	30.99
沟床堆积物源	10.2	0.007	2.72	50.18
坡面崩、残坡积物源	1.02	0.000 7	1.02	18.82
合计	1452.9		5.42	

（二）NS01 泥石流分区特征

根据对 NS01 流域地形地貌、地层岩性、植被发育程度以及泥石流松散固体物源分布特征，结合遥感卫星解译，NS01 泥石流活动的形成区、流通区、堆积区如图 4.5－11 所示。

NS01 形成区分布于流域上游悬谷区 4350m 高程以上至分水岭范围，沟源地势较高，如图 4.5－12 所示，集水面积约 13.33km^2，占整个汇水面积的 92.2%，顺沟长约 7.82km，平均坡降为 149‰，两岸基岩裸露，风化和冰水溶蚀严重，植被稀少。

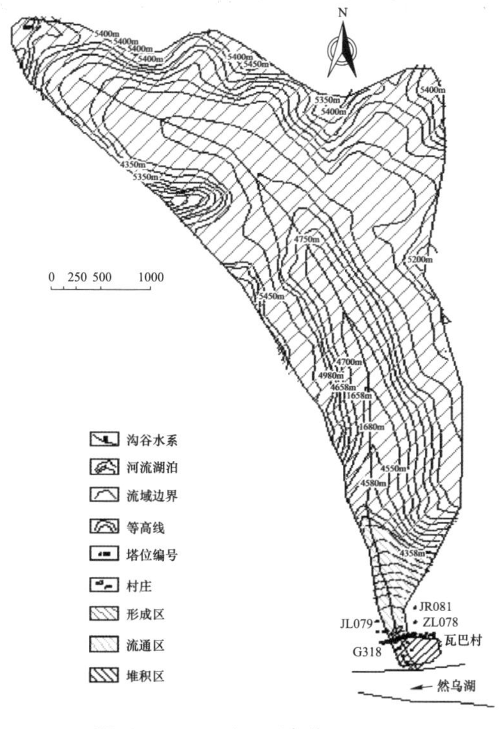

图 4.5－11　泥石流分区图

图 4.5－12　沟流域形成区特征图

悬谷谷口至悬谷上悬挂段海拔4250～4300m，谷口以下坡度变陡，随沟底坡降加大，水流流速加大，冲刷沟底及两侧松散物。在上游来水加大时，携带松散物涌向下游沟槽，裹挟两岸堆积物，可形成泥石流。

泥石流流通区主要集中在沟底海拔4300m以下。图4.5－13和图4.5－14是NS01泥石沟在堆积区排导处海拔3930m及4163m段狭窄处沟谷残留的泥痕。NS01泥石流海拔3930m及4163m泥痕断面形态分别如图4.5－15和图4.5－16所示。NS01流域沟谷泥痕调查统计表见4.5－4。

图4.5－13　沟口排导处泥痕

图4.5－14　狭窄段4163m泥痕

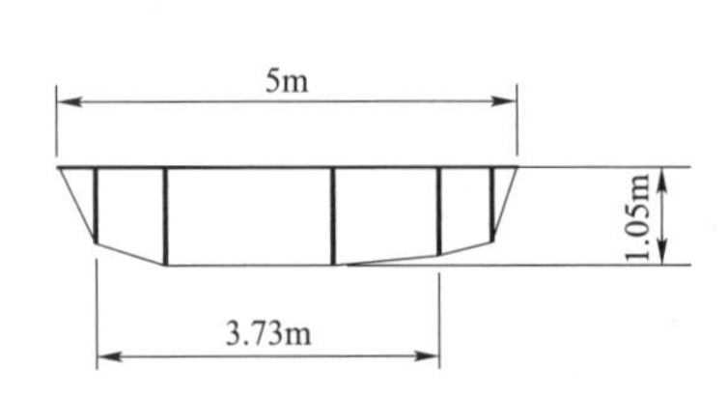

图4.5－15　3930m泥痕断面形态

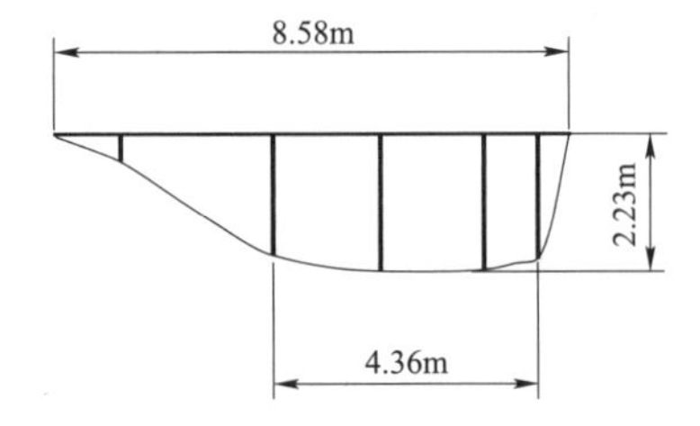

图4.5－16　4163m泥痕断面形态

表4.5－4　NS01流域沟谷泥痕调查统计表

剖面编号	沟谷	海拔（m）	泥痕时期	泥痕发育的沟谷形态特征			
				沟底宽度（m）	顶部宽度（m）	高度（m）	沟床坡度（°）
剖面1	NS01	3930	新近	3.73	5.0	1.05	10
剖面2	NS01	4163	早期	4.36	8.58	2.23	22

NS01泥石流堆积物分布于全流域，流域上游山口段以冰碛物为主，集中在U形谷段，碎石粒径以40～100cm为主，最大可达3～5m，细粒物质含量较少，NS01上游沟内冰川堆积物如图4.5－17所示。流通区沟床较缓、宽谷段堆积于谷床或两侧岸坡。

图 4.5－17　NS01 上游沟内冰川堆积物

山前堆积物规模较大，堆积厚度大，以块碎石土为主，可见大量块石，NS01 泥石流沟床特征如图 4.5－18 所示，最大可达 1～2m。泥石流主沟右侧边界大量泥石流堆积物特征如图 4.5－19 所示，堆积物较密实，块碎石含量较多，粒径 10～30cm，厚度 5～15m，细粒物质含量较少，磨圆度、分选性差。

图 4.5－18　NS01 泥石流沟床特征

图 4.5－19　NS01 泥石流右边界大量泥石流堆积物特征

对 NS01 泥石流堆积物中粒径小于 2mm 的细颗粒物质进行比重试验，比重成果见表 4.5－5。

表 4.5－5　NS01 泥石流堆积物固体颗粒比重

试样编号	1 号	2 号	3 号	4 号	5 号	均值
沟底高程（m）	4600	4350		3975		2.71
土粒比重 γ_H	2.72	2.7	2.71	2.71	2.73	

泥石流流体容重，一般采用经验法确定。采用水土比法换算泥石流容重，按水土体积比计算泥石流流体容重为

$$\gamma_C = \frac{\gamma_H f + 1}{1 + f}$$

式中 γ_C——泥石流流体容重，t/m^3；

γ_H——固体颗粒的比重；

f——固体颗粒与水的体积比。

水土比值根据现场调查的堆积物组成，参照地区相关研究成果综合取值为3.3:4.7，计算NS01泥石流堆积物土粒比重和泥石流流体容重见表4.5－6。

表4.5－6　NS01泥石流堆积物土粒比重和泥石流流体容重

试样编号	1号	2号	3号	4号	5号	均值
土粒比重 γ_H	2.72	2.7	2.71	2.71	2.73	2.71
流体容重 γ_C（t/m^3）	1.568	1.561	1.564	1.564	1.571	1.565

泥石流流体性质与容重有关（见表4.5－7），根据容重分析，NS01泥石流为稀性泥石流。

表4.5－7　按流体性质分类的泥石流类型及性质

类型	容重 r_c（t/m^3）	流态	性质
稀性泥石流	<1.7	紊流	整体运动性差，固相和液相物质运动速度不一致，仍具有相当大的碰撞、冲击和爬高能力及冲淤能力，破坏性也相当大
过渡性泥石流	$1.7<r_c<2.0$	紊流、层流	破坏能力介于稀性泥石流和黏性泥石流之间
黏性泥石流	>2.0	似层状	整体运动性强，流动迅速，具有很大的冲击、碰撞和爬高能力及冲淤能力，破坏性极大

根据DZ/T 0261—2014《滑坡、崩塌、泥石流灾害详细调查规范》，泥石流灾害分类见表4.5－8，NS01泥石流判别为水石流。

表4.5－8　泥石流灾害分类

特征＼类型	泥流	泥石流	水石流
重度	16～23（kN/m^3）	12～23（kN/m^3）	12～18（kN/m^3）
物质组成	由黏粒和粉粒组成，偶夹砂粒和砾石	由黏粒、粉粒、砂粒、砾石、碎块石等大小不等粒径混杂组成，偶夹砂和砾石	由砾石、碎块石及砂粒组成，夹少量黏粒和粉粒

（三）NS01泥石流发展阶段分析

根据DZ/T 0220—2006《泥石流灾害防治工程勘查规范》，泥石流沟发展阶段的识别见表4.5－9，NS01流域沟口新老堆积扇叠置，新扇规模有逐步缩小，河道河型基本稳定，植被覆盖率达30%以上，NS01泥石流沟谷处于演化老年期，但未来仍有发生一定规模泥石流的可能性。

表4.5－9　　泥石流沟发展阶段的识别

识别标记		形成期（青年期）	发展期（壮年期）	衰退期（老年期）	间歇或终止期
主支流关系		主沟侵蚀速度≤支沟侵蚀速度	主沟侵蚀速度＞支沟侵蚀速度	主沟侵蚀速度＜支沟侵蚀速度	主支沟侵蚀速度均等
沟口地段		沟口出现扇形堆积地形或扇形地处于发展中	沟口扇形堆积地形发育，扇缘及扇高在明显增长中	沟口扇形堆积在萎缩中	沟口扇形地貌稳定
主河河型		堆积扇发育逐步挤压主河，河型间或发生变形，无较大变形	主河河型受堆积扇发展控制，河形受迫弯曲变形，或被暂时性堵塞	主河河型基本稳定	主河河型稳定
主河主流		仅主流受迫偏移，对对岸尚未构成威胁	主流明显被挤偏移，冲刷对岸河堤、河滩	主流稳定或向恢复变形前的方向发展	主流稳定
新老扇形地关系		新老扇叠置不明显或为外延式叠置，叠瓦状	新老扇叠置覆盖外延，新扇规模逐步增大	新老扇呈后退式覆盖，新扇规模逐步变小	无新堆积扇发生
扇面变幅（m）		0.2～0.5	＞0.5	－0.2～＋0.2	无或负值
贮量（m^3/km^2）		5万～10万	＞10万	＞1万～5万	＜1万～0.5万
松散物存在状态	高度（m）	H=10～30高边坡堆积	H＞30高边坡堆积	H＜30边坡堆积	H＜5
	坡度	32°～25°	＞32°	15°～25°	≤15°
泥沙补给		不良地质现象在扩展中	不良地质现象发育	不良地质现象在缩小控制中	不良地质现象逐步稳定
沟槽变形	纵	中强切蚀，溯源冲刷，沟槽不稳	强切蚀、溯源冲刷发育，沟槽不稳	中弱切蚀、溯源冲刷不发育，沟槽趋稳	平衡稳定
	横	纵向切蚀为主	纵向切蚀为主，横向切蚀发育	横向切蚀为主	无变化
沟坡		变陡	陡峻	变缓	缓
沟形		裁弯取直、变窄	顺直束窄	弯曲展宽	自然弯曲、展宽、河槽固定
植被		覆盖率在下降为30%～10%	以荒坡为主，覆盖率＜10%	覆盖率在增长为30%～60%	覆盖率较高，＞60%
触发雨量		逐步变小	较小	较大并逐步增大	

（四）NS01 泥石流运动与动力学特征

由于缺乏泥石流监测资料，NS01 泥石流基本特征值的计算主要利用野外调查获取的泥位、沟床断面特征等资料。根据泥石流治理工程的需要，需获取泥石流流体重度、流速、流量、一次冲出量、一次固体冲出物质总量、冲击力等指标。

流速是泥石流防治工程设计的基本参数，一般采用经验公式计算得到。下面在采用稀性泥石流公式对 NS01 泥石流的流速计算的基础上，结合块石粒径与经验公式，对泥石流流速进行综合评判。

（1）国土资源部行业标准 DZ/T 0239—2004《泥石流灾害防治工程设计规范》建议的泥石流流速为

$$V_c = (\gamma_h \varphi + 1)^{-1/2} n^{-1} H_{mw}^{2/3} I^{1/2}$$

式中 γ_h——固体物质重度，kN/m^3；

φ——泥石流重度修正系数；

$1/n$——泥石流清水沟床的糙率系数，取值参照表 4.5－10；

H_{mw}——计算断面的平均水深，m；

I——清水水力坡度。

（2）铁道科学研究院西南科学研究所东川泥石流研究推荐的流速改进

$$V_C = \frac{1}{\alpha} m_c R^{\frac{2}{3}} I^{\frac{1}{2}}$$

$$\alpha = \left[\frac{\gamma_H(\gamma_C - 1)}{\gamma_H - \gamma_C} + 1\right]^{\frac{1}{2}} = (\gamma_H \phi + 1)^{\frac{1}{2}}$$

式中 V_C——泥石流流速，m/s；

γ_H——泥石流中固体颗粒比重；

γ_C——泥石流容重，kf/m^3；

m_c——巴克诺夫糙率系数；

R——水力半径，m；

I——泥石流水面坡度或沟床纵坡；

α——阻力系数；

ϕ——泥沙修正数，$\phi = \dfrac{\gamma_C - 1}{\gamma_H - \gamma_C}$。

泥石流流体水力半径 R 为

$$R = \frac{w}{P}$$

式中　w——过流断面面积，m^2；

P——湿周，m。

利用上述公式计算时，通过实验、测量或经验值可确定的参数有：固体颗粒比重 γ_H、容重 γ_C、巴克诺夫糙率系数 m_c。沟床粗糙系数查巴克诺夫糙率系数表（如表 4.5－10 所示）。

表 4.5－10　　巴克诺夫糙率系数表

组别	沟床特征	巴克诺夫糙率系数 m_c		坡度
		极限值	平均值	
1	粗糙最大的泥石流沟槽，沟槽中堆积有难以滚动的棱石或稍能滚动块石，沟槽树木（树干、树根及树枝）严重阻塞，无水生植物，沟底以阶梯式急剧降落	3.9～4.9	4.5	0.375～0.174
2	糙率较大的不平整的泥石流沟槽，沟底无急剧突起，沟床内堆积大小不等的石块，沟槽被树木所阻塞，沟槽内草本植物，沟床不平整，又有洼坑，沟底呈阶梯式降落	4.5～7.9	5.5	0.199～0.067
3	较软的泥石流沟槽，但有大的阻力，沟槽由滚动的砾石和卵石组成。沟槽常因稠密的灌木丛而严重阻塞，沟槽凹凸不平，表面因大石而突起	5.4～7.0	4.6	0.187～0.116
4	处于中下游的泥石流沟槽，沟槽经过光滑岩面，有时经过大小不等的跌水沟床，在开阔河床有树枝砂石停积阻塞，无水生植物	7.7～10.0	8.8	0.220～0.112
5	流域在山区或近山区河槽，河槽经过砾石、卵石河床，由中小粒径与能完全滚动的物质组成，河槽阻塞轻微，河岸有草木及木本植物，沟底降落均匀	9.8～17.5	12.9	0.090～0.022

水力半径 R 计算采用现场泥痕值（H）代替，比降采用河床纵比降，NS01 泥石流流速计算参数及结果见表 4.5－11。

表 4.5－11　　NS01 不同部位泥石流流速成果

参数值 / 断面（高程/m）	活动时间	m_c	γ_H	ϕ	H（m）	I_c	V_c（m/s）
剖面 1/4163	早期	8.8	2.71	0.50	2.23	0.388	5.04
剖面 2/3930	新近	12.9	2.71	0.50	1.05	0.108	2.85

根据计算结果，中下游沟段高程4163m，流速为5.04m/s，在堆积区（3930m高程）流速为 2.85m/s，较上游小，这与所处沟床地形条件有关，堆积区沟床顺直，但宽缓，相比而言，上游沟谷峡窄，沟床坡度较陡。

根据C.M弗莱施曼推荐的按泥石流冲出物最大粒径估算的石块运动速度为

$$V_S = a\sqrt{d_{最大}}$$

式中　V_S——泥石流中大石块运动速度，m/s；

$d_{最大}$——泥石流堆积体中最大块石的粒径，m；

a——综合考虑摩擦系数、泥石流容重、块石比重、块石形状系数、沟床比降等因素的参数，其值一般为3.5～4.5，平均值为4.0。

按泥石流冲出物最大粒径估算的NS01近期泥石流流速介于2.37～3.57m/s见表4.5－12，与表4.5－11中近期泥石流计算结果相比稍显偏小。

表4.5－12　按最大块石粒径获得的NS01不同部位沟谷泥石流流速特征

断面位置	剖面1	剖面2
沟底高程（m）	4163	3930
最大块石粒径（cm）	110	35
流速（m/s）	4.19	2.37

（五）NS01泥石流易发程度评价

形成泥石流的基本条件是有利的地形、丰富的松散固体物源和充足的水动力。这些条件及其组合在泥石流形成过程中起着提供位势能量、固体物质和发生场所三大主要作用。水不仅是泥石流物质的重要组成部分，也是泥石流激发因素。根据DZ/T 0239—2004《泥石流灾害防治工程设计规范》提出的泥石流沟严重程度数量化评分依据及评判标准评价泥石流易发性。

根据上述量化指标对NS01泥石流易发性严重程度评判结果见表4.5－13。

表4.5－13　NS01泥石流易发性严重程度评判表

序号	影响因素	NS01影响因素严重程度	得分
1	崩坍滑坡及水土流失（自然和人为的）的严重程度	零星崩塌、滑坡及冲沟发育	12

续表

序号	影响因素	NS01 影响因素严重程度	得分
2	泥沙沿程补给长度比（%）	50	12
3	沟口泥石流堆积活动	河形无较大变化，仅大河主流受迫偏移	11
4	河沟纵坡度（‰）	169	9
5	区域构造影响程度	沉降区，构造影响小或无影响	1
6	流域植被覆盖率（%）	45	5
7	河沟近期一次变幅（m）	1～0.2	4
8	岩性影响	硬岩、软岩、黄土	5
9	沿沟松散物贮量（$10^4m^3/km^2$）	5.42	5
10	沟岸山坡坡度（‰）	32°～25°	5
11	产沙区沟槽横断面	V 形谷、U 形谷	5
12	产沙区松散物平均厚度（m）	1～5	4
13	流域面积（km^2）	14.46	3
14	流域相对高差（m）	1622	4
15	河沟堵塞程度	无	1
总得分			86
易发程度评价			轻度易发

按照泥石流易发性评价结果，NS01 泥石流属轻度易发型。

（六）NS01 泥石流危险性评价

危险性指数评价是根据中国自然灾害风险区划方法，结合泥石流沟的实际情况进行的。为了分析泥石流对塔基的危险性，采用地质灾害危险性分析方法，分析泥石流危险性指数的构成，建立危险性分析结构模型。该方法原理如下。

分析影响泥石流潜在活动强度的各种控制条件（影响因素），在此基础上建立泥石流危险性指数计算模型，泥石流危险性指数 Z_w 为

$$Z_w = a(Z_l A_l + Z_q A_q)$$

式中 Z_l、Z_q ——泥石流的历史强度和潜在强度；

A_l、A_q ——历史强度和潜在强度的权重，分别是 0.3 和 0.7；

a ——修正系数，泥石流取 0.46（此数据根据国土资源部实物地质资料中心 张业成等研究而得）。

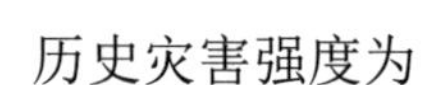

历史灾害强度为

$$Z_1 = G \cdot P$$

式中　G——历史活动规模评判等级分值；

P——活动频率的评判等级分值。

根据泥石流堆积体积和活动性 G、P 各取 0～5 之间的数值，该值是按两类因素分别取值后叠加形成的。潜在泥石流危险强度为

$$Z_q = K \cdot (D \cdot A_d + X \cdot A_x + Q \cdot A_q + R \cdot A_r)$$

式中　D、X、Q、R——控制泥石流形成与发展的地质条件、地形地貌条件、气候植被条件、人为条件充分程度的标度分值，评分标准采用张业成等人的研究成果，见表 4.5－14；

A_d、A_x、A_q、A_r——四类泥石流形成条件的权重，见表 4.5－15；

K——修正系数，按建议取值。

表 4.5－14　　　　泥石流潜在活动强度控制条件判别表

形成条件		极不充分	不充分	较充分	充分	特别充分
		0	1	3	6	10
地质条件	地质构造	极不发育，只有少量小型断裂	不发育，只有小型断裂	较发育，少量主干断裂	发育，有大型断裂或大量主干断裂	特别发育，巨大断裂带；断裂密集带；断裂复合带
	新构造运动	地震和构造变形微弱	不强烈，地震和构造变形较弱	较强烈，6 级以上地震和构造变形较明显	强烈，发生过 7 级以上地震；构造变形强烈	特别强烈，发生过多次 7 级以上地震；构造变形特别强烈；有大量崩塌、滑坡
	松散堆积物数量（$10^4m^3/km^2$）	＜0.5	0.5～2	2～5	5～10	＞10
地形地貌	地貌类型	平原及残丘	高原、丘陵	切割不剧烈的高原、山地	切割较剧烈的高原、山地	切割特别剧烈的高原、山地及其与平原过渡带
	相对高差（m）	＜200	200～300	300～500	500～1000	＞1000
	山坡坡度（°）	＜15	15～25	25～32	32～40	＞40
	主沟坡降（%）	＜3	3～6	6～12	12～18	＞18
气候条件	年降雨量（mm）	北方＜200 南方＜800	北方 200～400 南方 800～900	北方 400～600 南方 900～1000	北方 600～800 南方 1000～1200	北方＞800 南方＞1200
	暴雨比例（%）	＜10	10～20	20～30	30～40	＞40
	森林覆盖率（%）	＞50	30～50	20～30	10～20	＜10

续表

形成条件		极不充分	不充分	较充分	充分	特别充分
		0	1	3	6	10
人类活动	植被破坏	无破坏或不断发展	局部破坏	部分破坏	破坏较严重	破坏特别严重
	坡沟破坏	无破坏	局部破坏	部分破坏	破坏较严重	破坏特别严重

表 4.5－15　　各种影响条件对泥石流强度作用的权值

因素	地质条件	地形地貌条件	气象、植被条件	人为因素
权重	0.22	0.3	0.33	0.15

以上分析中所使用的权重是采用专家问卷调查的方法，并对调查结果采用层次分析后获得的。根据上述原则对 NS01 泥石流危险性指数进行判别，各条件的取值见表 4.5－16。

表 4.5－16　　NS01 泥石流危险性指数评分判别表

活动强度控制条件		NS01 发育条件	取值
地质条件	地质构造	不发育，只有小型断裂	1
	新构造运动	不强烈，地震和构造变形较弱	1
	松散堆积物数量（$10^4m^3/km^2$）	5.42	3
地形地貌	地貌类型	切割不剧烈的高原、山地	6
	相对高差（m）	1622	10
	山坡坡度（°）	32～40	6
	主沟坡降（%）	14.9	6
气候条件	年降雨量（mm）	260	1
	暴雨比例（%）	10～20	1
	森林覆盖率（%）	10～20	6
人类活动	植被破坏	局部破坏	1
	坡沟破坏	局部破坏	1

根据表 4.5－16 的评分，结合表 4.5－15 的权重值，计算的 NS01 泥石流的危险性指数（Z_w）见表 4.5－17。

表 4.5－17　　NS01 泥石流危险性指数

公式及其参数值	危险性指数
$Z_1=G\cdot P$，Z_1为泥石流的历史强度	2
$Z_q=K(D\cdot A_d+X\cdot A_x+Q\cdot A_q+R\cdot A_r)$，$Z_q$为泥石流的潜在强度	5.51
A_L为历史强度的权重，为 0.3	0.3
A_Q为潜在强度的权重，为 0.7	0.7
α为修正系数，泥石流取 0.46	0.46
G为历史活动规模的评判等级分值，根据泥石流的堆积体积和活动性各取 0～5 之间的数值	2
P为活动频率的评判等级分值，根据泥石流的堆积体积和活动性各取 0～5 之间的数值	1
D为控制泥石流形成与发展的地质条件的标度分值 0.22	4
X为控制泥石流形成与发展的地形地貌条件的标度分值 0.3	28
Q为控制泥石流形成与发展的气候植被条件的标度分值 0.33	8
R为控制泥石流形成与发展的人为条件充分程度的标度分值 0.15	2
$Z_w=\alpha(Z_1\cdot A_L+Z_q\cdot A_Q)$	2.05

从表 4.5－17 可见，NS01 泥石流的危险性指数为 2.05。结合泥石流灾害强度等级划分依据（见表 4.5－18），NS01 泥石流为中度灾害。

表 4.5－18　　泥石流灾害强度等级划分

危险性等级	微度灾害	轻度灾害	中度灾害	重度灾害
危险性指数	0	0～2	2～4	4～6

泥石流危险度评价主要用于灾前评估，即灾害评价。

（七）泥石流对塔位稳定性影响评价

按照国土资源部 DZ/T 0220—2006《泥石流灾害防治工程勘查规范》中泥石流爆发规模划分标准，按 1%暴雨频率，1h 泥石流 NS01 一次的泥石流固体物质堆积量为 $3.12\times10^4\text{m}^3$，因此 NS01 泥石流规模为中型。

危险性大小与堆积物的危害范围有关，确定泥石流危害范围及强度主要方法采用经验公式法、统计分析模型预测法和实验室模拟法。根据流域 55 处泥石流沟研究成果，采用多元线性回归方法，泥石流堆积区最大危险范围预测模型如下。

$$S=0.666\,7L\times B-0.083\,3B^2\sin R/(1-\cos R)$$
$$L=0.806\,1+0.001\,5A+0.000\,033W$$

$$B = 0.5452 + 0.0034D + 0.000031W$$
$$R = 47.8296 - 1.3085D + 8.8876H$$

式中 S ——泥石流最大危险范围，km^2；

L ——泥石流最大堆积长度，km；

B ——泥石流最大堆积宽度，km；

R ——泥石流堆积幅角；

A ——流域面积，km^2；

W——松散固体物质储量，10^4m^3；

D——主沟长度，km；

H——流域最大相对高差，km。

预测的 NS01 泥石流活动的危险范围的相关参数见表 4.5－19。

表 4.5－19　NS01 泥石流危害范围表

参数	取值
$S = 0.6667L \times B - 0.0833B^2 \sin R/(1-\cos R)$	0.340
$L = 0.8061 + 0.0015A + 0.000033W$	0.821
$B = 0.5452 + 0.0034D + 0.000031W$	0.564
$R = 47.8296 - 1.3085D + 8.8876H$	55.153
S 为泥石流最大危险范围（km^2）	0.340
L 为泥石流最大堆积长度（km）	0.821
B 为泥石流最大堆积宽度（km）	0.564
R 为泥石流堆积幅角（°）	55.153
A 为流域面积（km^2）	9.59
W 为松散固体物质储量（10^4m^3）	14.46
D 为主沟长度（km）	5.42
H 为流域最大相对高差（km）	1.622

由表 4.5－19 可知，预测的 NS01 泥石流危害范围为 $0.340km^2$，堆积物最大长度 0.821km，最大宽度 0.564km，堆积幅角为 55.15°；NS01 泥石流出山口至沟口距离较远，危害区域沿沟呈狭长条状，部分泥石流堆积于排导沟槽中，不会对瓦巴村及周边建筑物造成破坏，但威胁公路涵洞。

从泥石流群与线路的位置关系来看，线路走向与泥石流沟近垂直，塔位与沟谷距离大多在 70m 以上。NS01 沟谷的演化处于老年期、轻度易发、中等危险性，威胁范围主

要为堆积区现今沟槽区，泥石流影响范围内塔位位于沟两侧，远高于泥石流堆积区，泥石流对其不构成威胁。因此，综合分析该泥石流对其威胁范围内的塔基基本不构成威胁。

从已有的防治工程效果来看，部分支沟内谷坊对支沟泥石流固体物源、固沟床、稳坡具有较好的作用。中下游沟床部分地段的防护堤工程防治效果较好，目前结构较稳定。综合 NS01 泥石流特征，由于沟谷流域面积大，采用系统的工程措施进行全流域防治对线路工程而言可行性不大。因此，针对工程特点提出了防治措施：为确保塔基安全，建议在已建导槽上游，线路跨沟附近修建导槽，沟谷两侧修筑防护堤，与现有防护堤连接，有利于泥石流的排导。

本节在以上泥石流的专题研究中，通过现场调绘、勘探、遥感地质解译、原位测试、室内试验、模型计算等方法，对泥石流的形成条件、类型、规模、发育阶段和活动规律进行了研究，对泥石流的危害性进行了评估，对输电线路塔基的影响进行了定性和定量评价，提出了工程措施。

特殊地段塔基岩土工程设计优化

大型输电线路工程在开展线路路径选择和塔基终勘定位时，遇到地质条件特别复杂或对塔基稳定性可能造成直接影响时，原则上一般会尽量采取避让措施。

在高海拔地区，受自然条件限制，包括区域工程地质条件复杂、线路走廊狭窄、杆塔间距限制等，部分线路塔基不可避免地坐落于特殊的地质单元体上或附近。

由于地基土岩土工程条件复杂，特殊地段输电线路塔基基础的稳定性或立塔适宜性、工程造价、工期和施工安全等均受到直接影响，因此，进行岩土工程设计优化是勘测中的重点和难点之一。

特殊地段塔基的岩土工程设计优化工作主要要求岩土勘测专业技术人员遇到特殊地段塔基时，应采用多种综合勘测手段来确认塔基场地的稳定性，避免单一手段造成的误判，避免塔基可能存在安全隐患或避免不必要的线路改线而造成工程造价的增加。另外，应根据该类区域线路场地施工作业工艺与技术条件，优选施工安全可行、经济、基础持力层相对较好的地段作为立塔位置。

第一节 古滑坡区

古滑坡是高海拔地区常见的不良地质作用之一。当塔基位于古滑坡区时，岩土工程设计优化主要内容如下。

（1）开展场地稳定性专题评估。采用综合勘测手段，查明滑坡的类型、范围、性质、规模、地质背景及其危害程度，分析滑坡产生的条件和原因，采用定性和定量方法，分析评价古滑坡整体稳定性和验算局部稳定性，预测滑坡发展趋势，确定场地立塔可行性和适宜性。采用定量方法时，应考虑天然、荷载、暴雨、地震等组合工况。避免由于勘测资料不详尽或误判，造成大规模改线，影响工期和造价。

（2）对于判定为“不稳定”或“欠稳定”场地，或者对于加固处理难度大、费用高的塔基，需要采取塔基移位或线路改线措施。

（3）对于判定为“稳定”或“基本稳定”场地，或者对于虽然判定为“不稳定”或“欠稳定”场地但加固处理难度不大的塔基，需要在一定范围内选择地基土相对较优的塔位，推荐基础类型和基础埋深。

（4）对于存在局部稳定性或需整治的塔基，提出加固处理措施。

以藏中联网线路雅鲁藏布江右岸古滑坡塔基（16R039 和 16L038）和怒江支流冷曲河凹岸的古滑坡塔基（10L217～10L219）为例，介绍岩土工程设计优化过程和方法。

一、雅鲁藏布江右岸古滑坡

藏中联网线路 16R039 塔和 16L038 塔位于雅鲁藏布江右岸冷达乡嘎玛吉唐村上游约 0.65km 的古滑坡上。

根据遥感调查，该滑坡圈椅状地貌明显，后缘滑坡壁和左右侧滑坡壁清晰可见，上、下游边界以外可见完整基岩出露，16L038 和 16R039 塔基所处古滑坡轮廓如图 5.1－1 所示。

图 5.1－1　16L038 和 16R039 塔基所处古滑坡轮廓

根据现场调查，坡体没有明显变形痕迹，坡体稳定。根据定量计算，滑坡整体安全系数大于 1。

综合判断，确定塔基 16R039 和 16L038 地段立塔适宜和可行，无需改线。塔基基础设计时，适当加大基础埋深，塔基周围增加坡面防护措施。

二、怒江支流冷曲河滑坡

藏中联网线路10L217～10L219段（共6基塔）位于怒江支流冷曲河凹岸的古滑坡堆积体上，10L217～10L219段古滑坡形态及轮廓如图5.1－2所示。滑坡体左右两侧山脊，整体呈圈椅状，堆积体分布范围广，厚度大于40m，前缘宽近2300m。

滑坡体主要由第四系崩坡积物组成，物质组成为碎石、粉土、黏土，碎石母岩以板岩、砂岩、泥岩为主。

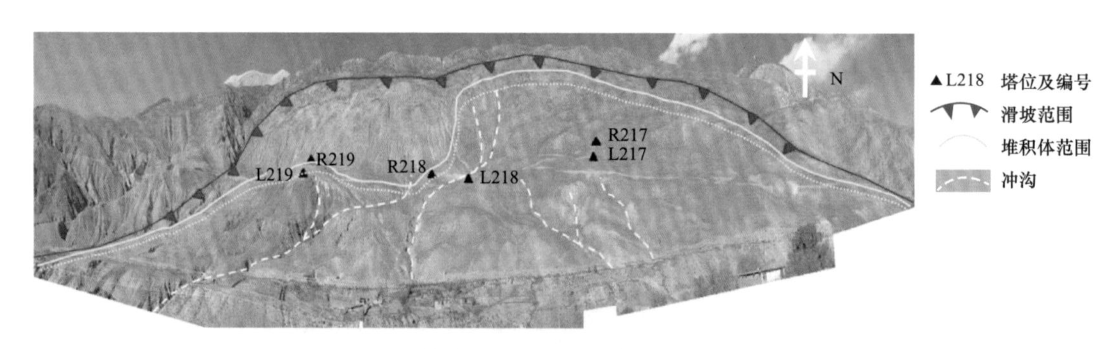

图5.1－2　10L217～10L219段古滑坡形态及轮廓

根据各种不利组合工况（暴雨＋地震＋加载）定量计算，滑坡体整体安全系数大于1，滑坡整体处于稳定状态，确定10L217～10L219塔基地段立塔适宜和可行，无需改线。对个别塔腿建议加大基础埋深，周围设置排水沟和被动防护网。

第二节　特殊斜坡区

在高海拔地区，特殊地质环境条件形成了多种类型的边坡或斜坡，如不稳定斜坡、风积沙斜坡、碎石堆积体斜坡、冰水堆积体斜坡等，该类斜坡地段塔基的岩土工程设计优化主要内容如下。

（1）开展场地稳定性专题评估。采用综合勘测手段，查明边坡的岩土结构及其性质、不良地质作用、地下水分布和结构面充水情况等，采用定性和定量方法，并考虑天然、荷载、暴雨、地震等组合工况，分析评价边坡整体稳定性和验算局部稳定性，确定场地立塔可行性和适宜性。避免由于勘测资料不详尽或误判，造成大规模改线，影响工期和造价。

（2）对于判定为“不稳定”或“欠稳定”的场地，或者对于加固处理难度大、费用高的塔基，需要采取塔基移位或线路改线措施。

（3）对于判定为“稳定”或“基本稳定”场地或虽判定为“不稳定”或“欠稳定”场地，但加固处理难度不大的塔基，在一定范围内选择地基土相对较优的地段作为立塔位置，推荐基础类型和基础埋深。

（4）对于存在局部稳定性或需整治的塔基，提出加固处理措施。

（5）由于风积沙、碎石堆积体、冰水堆积体属散体结构，开挖施工时容易出现坑壁不稳定、坍塌，高海拔地区施工作业环境差、作业难度大和道路运输困难等问题。对于存在施工难度大或施工安全风险较大的塔基，提出采取塔基移位或线路改线方案。

一、不稳定斜坡

高海拔地区因地震和冻融等作用，在高陡边坡地段导致局部不稳定、不稳定斜坡，以藏中联网线路为例，不稳定斜坡塔基岩土工程设计优化方法介绍如下。

藏中联网工程10L336～10L338段共6基塔位于不稳定斜坡上。定性评价斜坡整体稳定性较好。根据边坡在天然、荷载、暴雨等组合工况定量计算分析，综合评价边坡整体处于基本稳定状态，适宜立塔。

由于10L337塔基坡面冲沟发育，通过分析冲沟溯源侵蚀随着时间的增长影响能力，判断冲沟对10L337塔基可能造成较大威胁，初步建议采取加固处理措施。考虑处理费用、工期等因素，最终采取对10L337塔基进行移位处理。

10L337塔基新址为10L337原址沿小号直线方向移动约100m，改线段塔影像图及塔基整体地形图如图5.2－1所示。

塔基新址位于堆积体斜坡上，坡度约26°，坡面地表植被发育，坡面地形完整，如图5.2－2所示。

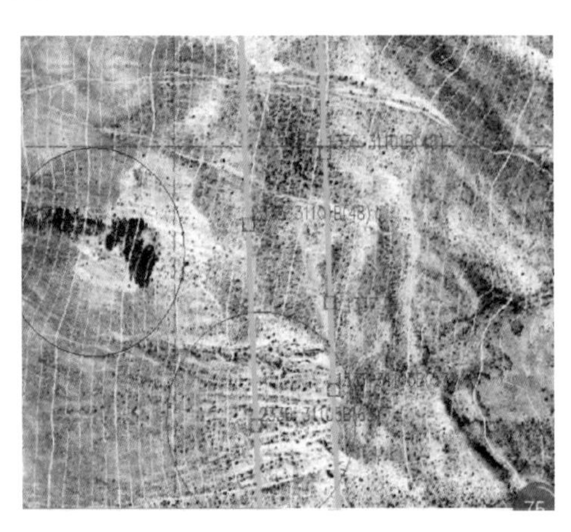

图 5.2-1　改线段塔基影像图及塔基整体地形图

图 5.2-2　改线段塔基 A、B 地形图

根据地质雷达探测、钻探、地质调查以及槽探结果，塔基新址主要由崩积、坡积碎石组成，碎石厚度大于 40m，表层 5m 左右为崩积碎石，充填较差，5m 以下为坡积碎石，稍密—中密，粉土充填。

工程地质类比和定性评价判定，新址场地处于稳定状态，立塔适宜和可行。

二、河谷风积沙斜坡

河谷风积沙坡是高海拔地区一种特殊的地质作用。以藏中联网线路为例，14R080 塔基位于风积沙斜坡上，岩土工程设计优化方法介绍如下。

通过定性、定量分析与计算，塔基所处斜坡坡体整体稳定，立塔适宜和可行。

在人工挖孔桩基施工过程中，风积沙坑壁出现垮塌、坑壁稳定性差等现象，施工困难，有较大安全风险，因此，对 14R080 塔基进行了移位处理（顺着山梁向高处移动）。

塔基新址表层为厚 1.0～2.0m 的粉土，混少量碎石；下部为强风化—中等风化闪长岩，岩石质量较好。通过定性和定量计算分析，判定新址边坡基本稳定，立塔适宜和可行。

三、碎石堆积体斜坡

碎石堆积体是高海拔地区一种常见的地质作用现象。以藏中联网工程为例，碎石堆积体斜坡岩土工程设计优化方法介绍如下。

藏中联网工程塔基 8L048、8R050 和 8R052 位于碎石堆积体上。为进一步详细查明塔基场地岩土工程条件，优化设计对塔基场地增加布置了物探、槽探、地质调查等勘察手段。

通过定性分析和定量计算，塔基 8L048、8R050 和 8R052 场地判定为“不稳定”，采取塔基移位处理。

8L048、8R050 和 8R052 塔位新址稳定性分析和评价如下。

（一）8L048（新）塔位

8L048（新）塔基位于 8R048 下部高差约 46m 的基岩斜坡上。根据地质雷达检测，地表为松散堆积体，堆积体下部较密实。各塔腿岩土条件：A、C、D 塔腿上部有 7～9m 的碎石土层，下部为强风化及中等风化英安岩；B 腿表层碎石土层较薄，下伏基岩被三组结构面切割呈碎裂—镶嵌结构，岩体破碎，8L048（新）塔位全貌，现场地质调查，8L048（新）塔基 C 腿、D 腿、A 腿测线剖面分析结果图分别如图 5.2－3～图 5.2－7 所示。

图 5.2－3　8L048（新）塔位全貌

图 5.2－4　现场地质调查

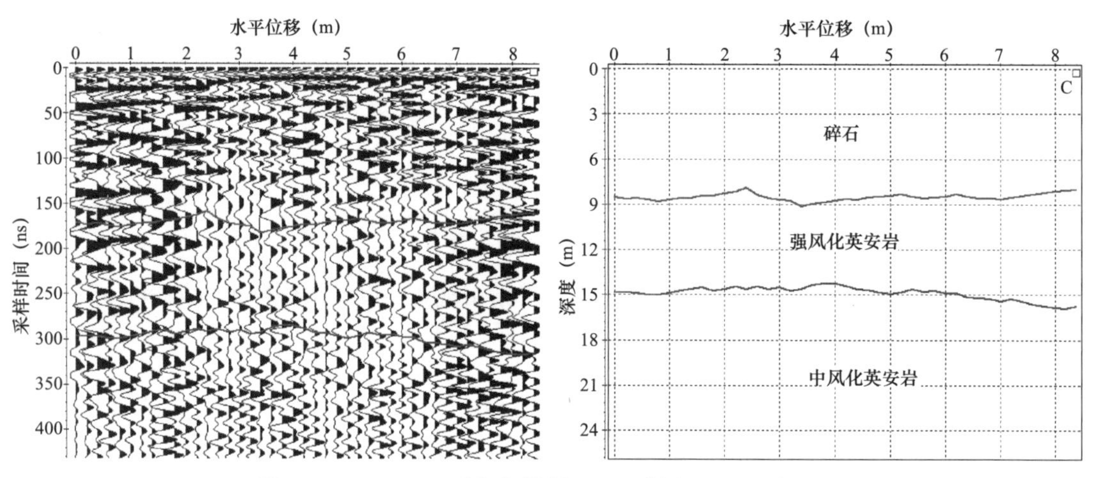

图 5.2-5　8L048（新）塔基 C 腿测线剖面分析结果图

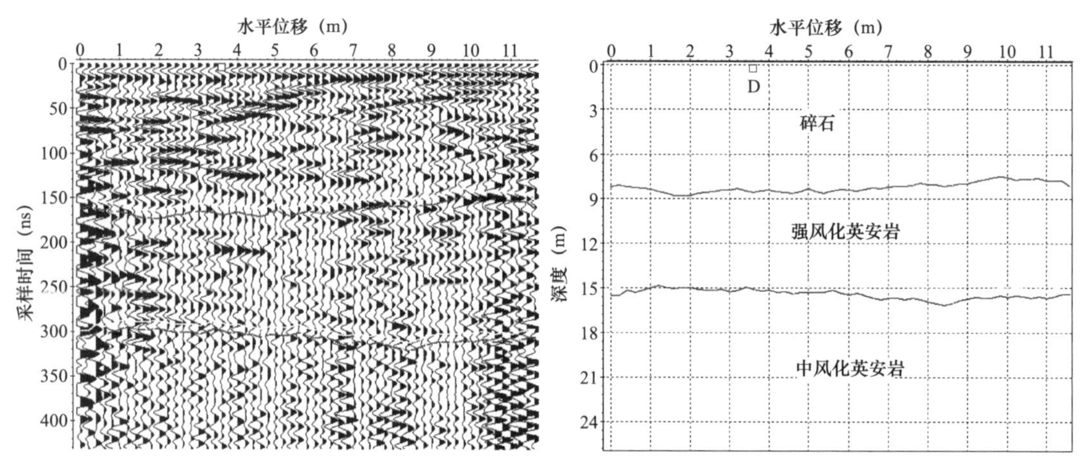

图 5.2-6　8L048（新）塔基 D 腿测线剖面分析结果图

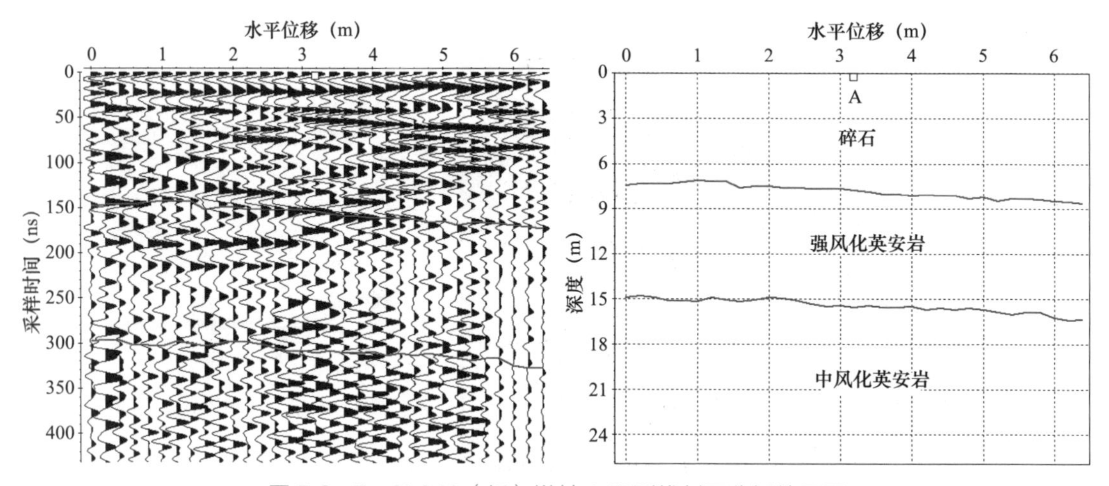

图 5.2-7　8L048（新）塔基 A 腿测线剖面分析结果图

根据现场调查和定性分析，判断该边坡基本稳定。

稳定性计算分析，潜在滑面按照强卸荷带底界假设，8L048（新）整体计算剖面及剖面部分如图 5.2－8 所示。单个塔位荷载约为 600kN，每个塔位各塔腿所承受的荷载约为 150kN，考虑天然、暴雨、地震、荷载四种工况，稳定性计算结果见表 5.2－1。

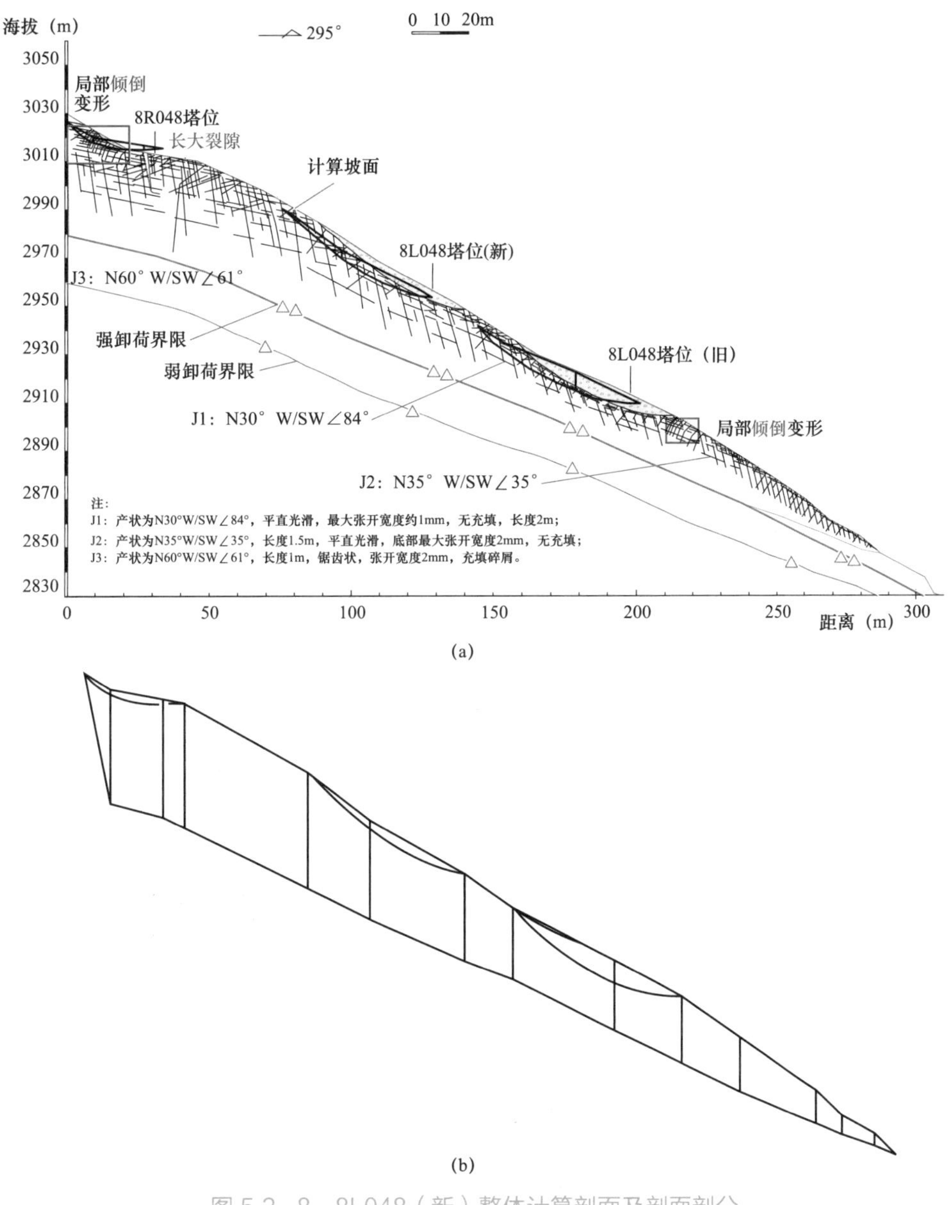

图 5.2－8　8L048（新）整体计算剖面及剖面剖分

（a）8L048（新）边坡地质模型；（b）8L048（新）边坡整体稳定性计算模型

计算结果表明，在天然工况、暴雨工况、地震工况、荷载工况下整体稳定性较好，立塔适宜和可行。

表 5.2－1　　8L048（新）边坡整体稳定系数计算结果

计算剖面	工况 1（天然）		工况 2（暴雨）		工况 3（地震）		工况 4（荷载）	
	稳定系数	稳定情况	稳定系数	稳定情况	稳定系数	稳定情况	稳定系数	稳定情况
A－A	2.27	稳定	2.03	稳定	2.12	稳定	2.21	稳定

施工建议措施，开挖作业前，清理局部松动块体，避免堆积体表层滑动、引起地表土层滑移，开挖作业时做好护壁和护坡。

（二）8R050（新）塔位

8R050（新）塔基位于 8R050 上方基岩斜坡上，坡度约 30°。场地上部 3～5m 为碎石土层，松散，下部较密实；其下为强风化到中等风化基岩，上部较破碎，下部较完整，8R050（新）塔位全貌，8R050（新）塔基 B、A 腿测线剖面分析结果图，8R050（新）塔基 C、D 腿测线剖面分析结果图，8R050（新）塔基探槽坑分别如图 5.2－9～图 5.2－12 所示。

图 5.2－9　8R050（新）塔位全貌

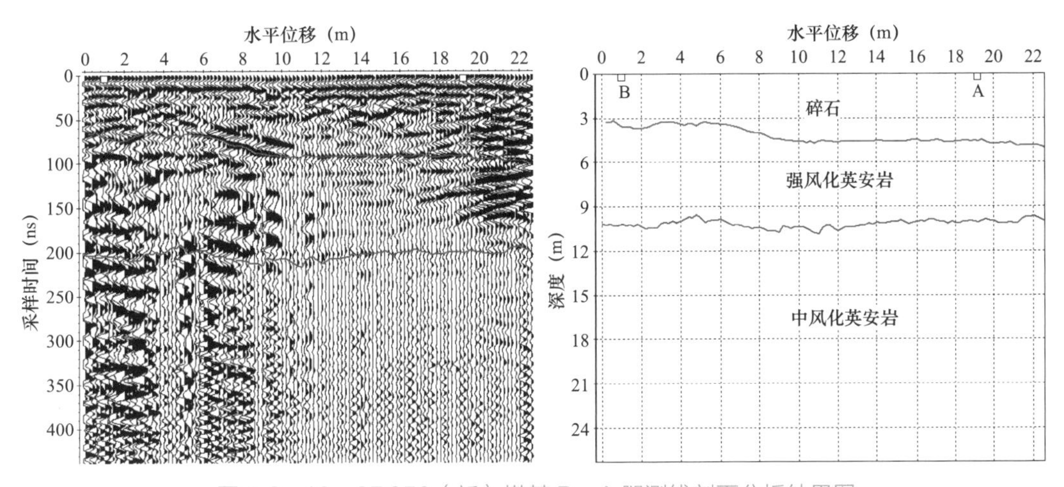

图 5.2－10　8R050（新）塔基 B、A 腿测线剖面分析结果图

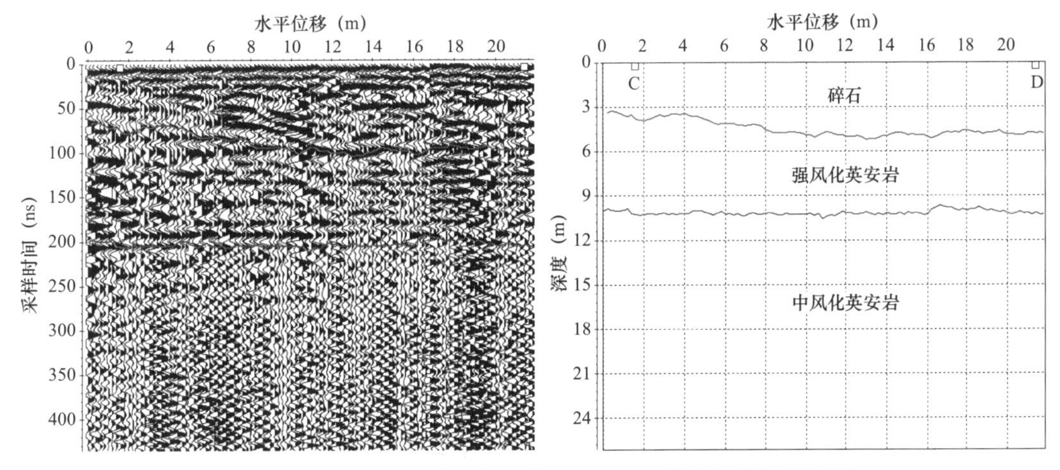

图 5.2－11　8R050（新）塔基 C、D 腿测线剖面分析结果图

图 5.2－12　8R050（新）塔基探槽坑

根据定性判断，塔位坡体整体稳定，立塔适宜和可行。

施工建议措施，开挖作业时先清理局部松动块体，避免可能发生堆积体表层滑动，并做好护壁和护坡。

（三）8R052（新）塔位

8R052（新）塔基位于8R052上方基岩山梁。山梁坡度较缓，场地上部为2～4m的碎石土层，地表松散，下部较密实，植被发育。下为强风化到中等风化基岩，表层较破碎，下部岩体较完整，8R052（新）塔位全貌，8R052（新）塔位槽探坑，8R052（新）塔基B、C腿测线剖面分析结果图，8R052（新）塔基沿中心线测剖面分析结果图分别如图5.2－13～图5.2－16所示。

图5.2－13　8R052（新）塔位全貌

图5.2－14　8R052（新）塔位槽探坑

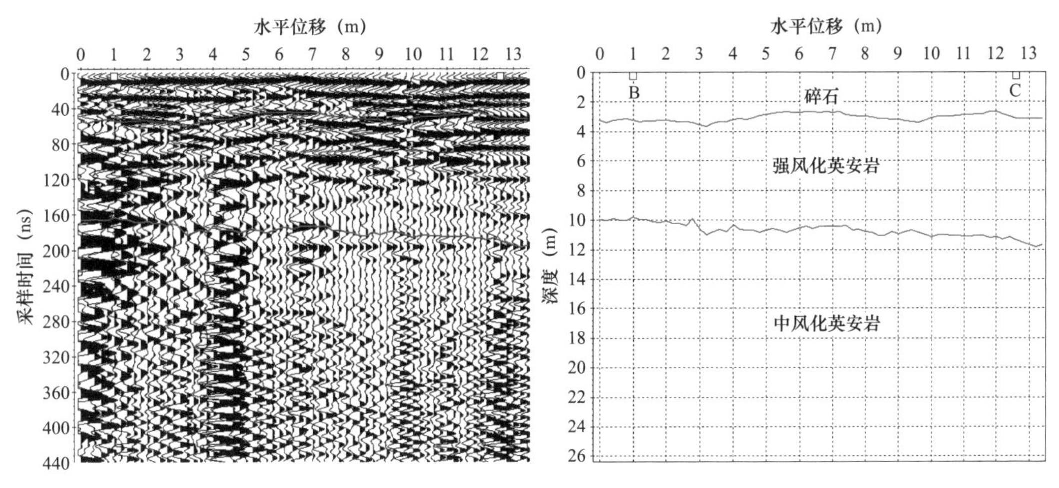

图 5.2－15　8R052（新）塔基 B、C 腿测线剖面分析结果图

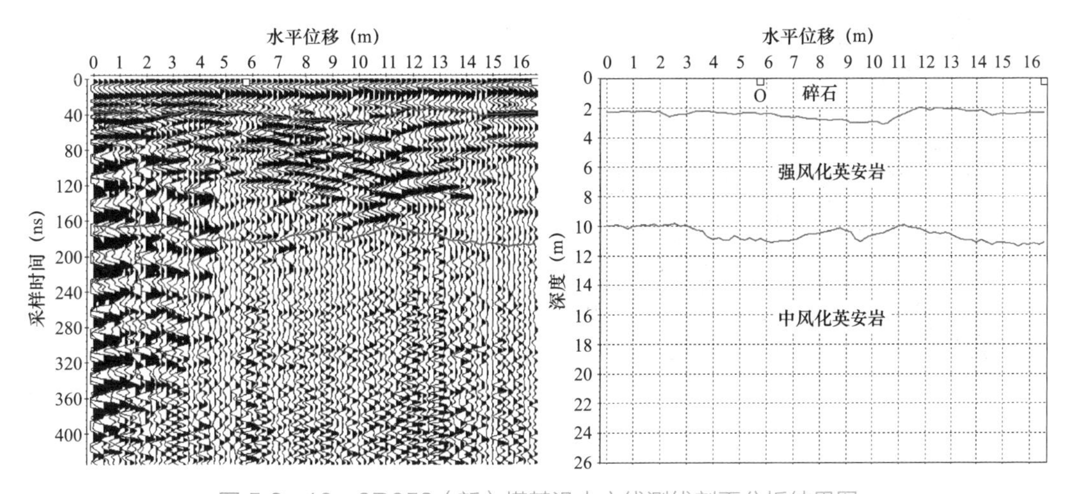

图 5.2－16　8R052（新）塔基沿中心线测线剖面分析结果图

根据定性判断，塔位坡体整体稳定，立塔适宜和可行。

开挖建议措施，开挖作业先清理局部松动块体，避免覆盖层表层滑动。对 C 腿上部危岩体进行清理，采取挂网防护，并做好护壁和护坡。

四、冰水堆积体斜坡

冰水堆积体斜坡是高海拔地区一种常见的地质作用现象，输电线路塔基不可避免地遇到冰水堆积体斜坡问题，需要开展岩土工程专项勘察，专项勘察采用的勘察手段主要包括搜集分析资料、遥感地质解译、工程地质调查、工程物探及槽探等，并对斜坡稳定

性进行评价。

以藏中电力联网工程位于冰水堆积体斜坡塔基为例，介绍勘察与评价方法如下。

（一）JS119 塔

该塔位位于帕隆藏布右岸山坡上，坡度 15°～20°，坡表植被发育，覆盖率 75%，乔木为主。线路与坡面基本平行，A、B 腿较低，C、D 腿较高。塔位 0～4m 为碎石土夹风化砂，碎石含量 20%，块石含量 40%，其余为砂土；基岩为白垩系花岗岩，节理裂隙发育，强风化厚度约 2m。塔位边坡特征如图 5.2－17 所示。

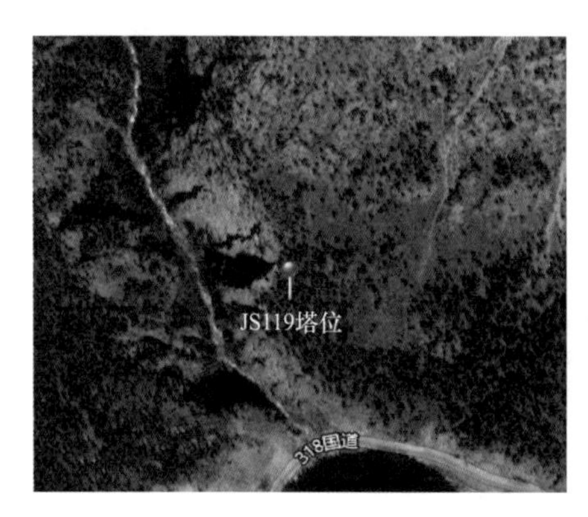

图 5.2－17　塔位边坡特征图

通过探槽开挖揭示，碎石含量较高，胶结较好，土质较密实，无软弱层及临空面；碎石层以下基岩无不利结构面。综合判定塔基稳定性较好。

（二）JS142 塔

该塔位于米堆冰川对面山坡上，坡度 45°～55°。坡表植被不甚发育，覆盖率 25%，乔木为主。地形上 A、B 腿较低，C、D 腿较高。塔腿 A 距离临空面 1～2m，为高约 15m 基岩陡坎；D 腿位于开挖 8m 深的冰水堆积物组成的沟槽内，两塔腿均存在安全隐患。

塔基处 0～8m 为碎石土夹杂花岗岩风化砂，结构松散；基岩为白垩系花岗岩，节理裂隙发育，强风化厚度约 2m。JS142 塔位 A、D 腿边坡特征如图 5.2－18 和图 5.2－19 所示。

塔腿 A 距离临空面 1～2m，边坡坡度约 35°，塔腿上部为崩坡积碎石土层，厚度

5m，下部为花岗岩，桩基础置于中风化岩体内。初步分析，A 塔腿桩基基础外侧岩体厚度大于 10m，岩体完整性较好，可基本满足塔基稳定要求。D 腿右侧为高约 8m 的冰水堆积物，主要为块石、碎石土，较密实，胶结一般，开挖边坡约 70°，现边坡基本稳定。在雨季或暴雨等条件下，沟槽堆积物易发生坍塌，可能危及 D 腿塔基及高压塔杆安全。

基于上述分析，对塔位 JS142 塔腿 D 腿周围堆积体及强风化表层岩体进行削坡、护坡处理，护坡采用浆砌石。

图 5.2－18　JS142 塔位 A 腿边坡特征图

图 5.2－19　JS142 塔位 D 腿位置特征图

（三）ZL182 塔

该塔位于宗坝村，山体坡度 30°～38°，植被发育。塔基地层为冰水堆积形成的碎石土，砂土含量 50%，碎石含量 40%，其余为少量块石，磨圆度差，弱胶结，稍密，厚度 5～10m。ZL182 坡体特征如图 5.2－20 所示。

由于四塔腿均位于覆盖层上，可能存在桩基础置于覆盖层内、桩基沿基岩与覆盖层界面产生滑动破坏的可能性。

根据 ZL182 塔基地质雷达物探测成果，见表 5.2－2，覆盖层厚度 6～7m，下部为强风化基岩，厚度 2～5m。上部覆盖层碎石密实度较好，轻微胶结，且岩土分界面无软弱层，综合判定塔基所在斜坡稳定。

表 5.2－2　　ZL182 塔基地质雷达探测成果

测线布置	L182BA 剖面由 B 腿到 A 腿方向；L182DC 剖面由 D 腿到 C 腿方向
资料解释	本次采集采用美国 GSSI 低频组合 80MHz 天线，天线间距 3m，点距 20cm。 解译结果：判断塔基表层为碎石，各腿解释深度大约为 6～7m，下为强风化基岩，底板埋深约为 10～12m

图 5.2－20　ZL182 坡体特征图

第三节 泥石流发育区

泥石流是高海拔地区常见的不良地质作用之一。当塔基位于泥石流区附近时，岩土工程设计优化主要工作内容如下。

（1）开展场地稳定性专题评估。采用综合勘测手段，查明泥石流的形成条件、类型、规模、发育阶段、活动规律等，评价泥石流对塔基场地稳定性的影响，确定场地立塔可行性和适宜性，避免由于勘测资料不详尽或误判，造成大规模改线，影响工期和造价。

（2）对于泥石流易发程度等级，判定为“极易发”或“中等易发”场地或加固防护处理难度大、费用高的塔基，采取塔基移位或线路改线措施。

（3）对于泥石流易发程度等级判定为“不易发生”或“轻度易发”场地或虽然判定为“极易发”或“中等易发”场地，但加固防护处理难度不大的塔基，在一定范围内选择相对较优的地段作为塔位，推荐基础类型和基础埋深。

（4）对于局部受影响或需整治的塔基，提出加固防护处理措施。

以藏中联网线路然乌湖区泥石流附近塔基和帕隆藏布泥石流附近塔基为例，岩土工程设计优化方法介绍如下。

一、然乌湖区段泥石流

然乌湖区段泥石流主要分布在瓦达村附近，共三条泥石流沟（编号为 NS01、NS02、NS03）。然乌湖泥石流沟与线路的相对位置关系如图 5.3－1 所示。

然乌湖区段泥石流群属冰川悬谷型泥石流沟。综合评价认为，该地段立塔适宜和可行，局部地段采取加固防护措施。具体分析和评价如下。

（1）NS01 泥石流：处于老年期，轻度易发，中等危险性，影响范围主要为堆积区现今沟槽。塔基 11JR081、11ZL078、11ZR082 和 11JL079 位于该沟槽两侧，远高于泥石流堆积区，泥石流对其不构成威胁。11ZR082 和 11JL079 距离沟槽较远（大于 145m）。

泥石流对上述塔基不构成影响，塔位稳定性好。

图 5.3-1　然乌湖泥石流沟与线路的相对位置关系

（2）NS02 泥石流：处于老年期，轻度易发，低度危险性，威胁范围主要为堆积区现今沟槽及周边区域。塔基 11ZR082、11ZR083、11ZL080、11ZL081 受影响。由于该沟属轻度易发、低度危险泥石流，泥石流对塔基影响较小。考虑到塔基 11ZL080 和 11ZL081 距离沟槽较近，采取工程防护措施。

（3）NS03 泥石流：处于老年期，中度易发，中等危险性，影响范围主要为堆积区现今沟槽及其堆积区。塔基 11JR093、11ZR094、11JL092、11ZL093 距离沟槽较远（大于 70m），因此该泥石流对塔基影响相对较小，塔位稳定性较好。由于 11JR093、11ZL093 距离沟槽较近，且公路部门在沟内修建拦渣坝，因此建议对沟内进行必要防护和导排。

二、帕隆藏布区段泥石流

帕隆藏布区段泥石流分布在 12L003～12L004 塔基和 12R003～12R004 塔基附近。

综合评价认为，该地段立塔适宜和可行，不需要采取额外的加固防护措施，具体分析和评价如下。

1）该段线路泥石流沟为低易发泥石流沟。

2）塔基 12L003、12R003 位于山脊之上，与泥石流沟底高差大于 200m，泥石流对塔基无影响。

3）塔基 12L004、12R004 离泥石流沟较近，但该泥石流为低易发泥石流沟，在塔基寿命期内，爆发泥石流可能性低，塔基处于基本稳定状态。

第六章

高海拔输电线路岩土工程勘察要点

高海拔线路区域地形地貌、地层岩性、不良地质作用、交通条件等具有特殊性和复杂性，线路穿越地貌单元复杂、山高沟深、地形陡峻、地质灾害发育、冻土分布广泛，对路径优化、塔位选择、勘察方法选择、风险管控等提出了新要求，在对已建、已投运输电线路勘察设计、施工、运行等阶段进行分析的基础上，总结了高海拔超高压输电线路岩土工程勘察要点。

第一节 路 径 优 化

输电线路工程路径选择一般在可行性研究阶段和初步设计阶段进行，路径选择以安全、技术、经济为原则，前期确定的路径在后期不应出现颠覆性问题，在路径选择中应以地质环境条件为基础，尤其重视对制约路径走向的关键点、关键部位的分析评价。

（1）“以塔定线”与“以线选位”的思路共存。不同于平原丘陵地段，高山峡谷区路径廊道狭窄，路径选线过程中，首先应确定重点三跨段（跨江、跨河、跨沟）的塔位选择，其次再规划两侧的路径走向；对于地质条件相对较好的地段，可先规划整体路径走向，再针对具体塔位分析其适宜性。

（2）避让碎石堆积体厚、岩屑坡发育地段。碎石堆积体及岩屑坡主要由碎石组成，形成时代新，碎石颗粒无黏聚力、结构松散，不具可塑性，级配不良，透水性强，压缩性高、自稳性差，不仅存在稳定性问题，在基础施工（基坑工程、桩基工程等）受到扰动后，可能发生坍塌风险。

（3）尽量选择在山体的中上部通过，避免崩塌、滚石等不良地质作用对塔位的影响。受地壳板块升降和断裂构造影响，山体中上部发育多级侵蚀夷平面，夷平面地形平坦，下部岩体破碎，卸荷、倾倒变形较多，易形成崩塌、滚石。

（4）在泥石流发育区，宜选择在泥石流流通区跨越，并避开不稳定的泥石流河谷岸坡。泥石流堆积区一般范围较大，塔位避让具有一定的困难，流通区一般相对狭窄，塔位可以一档跨越，塔位与泥石流河谷岸坡保持一定的安全距离，防止水平侧蚀、竖向掏蚀对塔位稳定的影响。

（5）风积沙发育区，应避开移动沙丘和无植被覆盖区。斜坡上堆积的风积沙受到人类活动影响，易发生溜坡；在雨水作用下，沿坡面冲沟可能发生蠕滑、流动。在风力作用下，产生风蚀风积作用，不仅会掩埋建筑物，还会掏蚀建筑物地基，导致基础外露，影响建筑物安全。移动沙丘和无植被覆盖的风积沙不仅存在地基不稳定问题，还存在施工风险、治理难度大的问题，线路路径选线时应避开。

（6）避开断层破碎带，对断层应进行大角度的跨越，降低对塔基的影响。断层破碎带一般分布在区域断裂及隐伏断裂附近，断层破碎带内岩体工程性能较差，应避免在活动断裂的上盘立塔，活动断裂近场地地震活动性较强，同时断裂位移会引起塔基地基沉降，对塔基安全产生影响。

第二节　塔　位　选　择

塔位选择一般在施工图定位阶段进行，本阶段线路路径总体上已经确定，主要针对塔位所在的场地进行勘察与评价。塔位选择首先要确定塔位的适宜性、安全性问题，主要采用定性分析、工程地质类比等方法，以微地貌单元为依据，结合地层岩性、地质条件等进行分析。

（1）应选择在地势开阔、地形平坦的部位。地势开阔、地形平坦段不良地质作用一般不发育，地层均匀性较好，不存在降基形成的人工边坡等问题，对塔基地质环境条件扰动较小，施工便利。

（2）高陡斜坡上，塔位应选择在基岩裸露部位，不宜选择在碎石堆积体上。高陡斜坡坡顶处应力集中较明显，斜坡的中下部存在水平张拉应力，碎石堆积体大多堆积于斜坡的中下部，易在张拉力作用下变形失稳，基岩裸露部位地基整体性较好，作为塔基持力层较稳定。

（3）山梁狭窄地带，塔腿离陡坡的保护距离不宜小于 10m。山梁狭窄地段的边缘一般发育冲沟、陡坡，冲沟对塔基的影响主要是冲刷和冲蚀作用，陡坡对塔位的影响主要是失稳破坏影响塔基的稳定，山梁狭窄地段塔基一般采用掏挖桩基础，基础埋深一般在 10m 左右。

第三节　勘　察　方　法

勘察方法应根据线路穿越区塔基的地质条件、需要查明的地质要素及各类勘察方法的适宜性，有针对性的选择。一般可采用的方法主要有工程地质调查、遥感解译、工程物探、钻探与槽探等。

（一）高陡山区勘察方法

高陡山区一般覆盖层较薄或基岩裸露，岩土工程勘察主要以查明不良地质作用、覆盖层厚度及岩体结构特征为主，主要勘察方法的选择宜按以下次序进行。

1. 遥感解译

遥感解译与工程地质调查和其他勘察方法配合使用，对遥感解译的重要工程地质问题应进行现场实地验证，补充和修正遥感解译成果。遥感解译应根据线路所在场地环境特点和工作条件，选择适当的遥感数据种类、时相和分辨率；遥感解译的素材以航片为主、卫片为辅进行综合解译，遥感解译主要在可研和初步设计阶段进行。

在可研阶段，遥感解译初步确定线路拟经过地区的地层岩性分布、矿产资源露天开采现状与地质灾害，为路径方案选择与优化提供基础；在初步设计阶段，遥感解译提取对线路路径影响较大的滑坡、泥石流、崩塌、岩溶、采空塌陷区等不良地质作用的位置、规模及影响范围，判断其发展趋势。施工图阶段遥感解译重点是对地质条件复杂地段排查影响塔位的不良地质作用。

2. 工程地质调查+槽探

高陡山区自然条件较差，部分地方为人迹罕至的无人区，交通不便，传统的钻探设备搬运困难，人力、物力、时间成本较大，难以满足项目工期要求，不适宜高陡山区勘察。高陡山区输电线路工程地质问题的核心是塔位的安全问题，其次是塔位的岩土条件问题，塔位的安全稳定是基于场地的物质组成、高度、坡度、坡面形态、坡面冲沟发育状态和卸荷裂隙发育特征等条件基础上的分析判断，高陡山区多基岩裸露或覆盖层较薄，通过槽探等简易手段可以查明覆盖层的厚度，工程地质调查+槽探的组合模式可以发挥有效的效果。

3. 工程物探

工程物探可以对线路塔基附近的隐伏岩溶、坑洞、基岩面、风化带、断裂及破碎带、滑动面、地层结构等地质界面进行探测。应用工程物探一般需要地质体之间有明显的物理性质差异，地质体具有一定的埋藏深度和规模。工程物探以地质雷达和高密度电法为主，适用性较广，物探测试需要和钻探等其他手段结合运用，藏中联网工程中用工程物探对堆积体厚度进行了测试，取得了良好的效果。

4. 钻探

当覆盖层较厚、场地作业条件较好、水源富足的地段，且工程地质条件较复杂时可进行适宜的钻探工作。

（二）河谷、缓坡地区勘察方法

河谷、缓坡地区塔基地质条件主要以查明地层岩性、地下水等要素为主，主要勘察方法的选择宜按以下次序进行。

1. 钻探

河谷、缓坡地区一般地下水位埋深较浅，地层以碎石土为主，交通条件便利，基础型式多为桩基础，勘探深度较深，对地层岩性条件要求较高，工程地质勘察时，以钻探为主。

2. 工程地质调查

河谷、缓坡地区不良地质现象较少，工程地质调查主要针对沼泽化湿地、冲沟等进行调查，对于高海拔地段，还需对地表的冻胀草丘、热融滑塌、融冻泥流等冻土现象进行调查，以及地表已有输电线路塔基运行状态的调查。

3. 工程物探

河谷、缓坡地区地下水埋藏较浅，地层电性差异较小，一般较少利用工程物探。

第四节　地质环境风险管控

高海拔输电线路距离长、跨越区域广、岩土地质与地形条件复杂、地基土物理力学性质差异大。有两方面影响塔基的安全：一方面依存于地基岩土体的稳定；另一方面受地质环境影响很大，如水环境条件、岩土介质条件、生态环境等。随着基础加载、施工开挖等外界扰动及地质环境条件发生改变，都可能影响塔基的安全。目前对高海拔线路基础的研究比较薄弱，科研成果和技术储备相对不足，需要结合已有工程，从地质环境与安全方面提出超高压电网工程岩土勘察的建议。

（一）不良地质作用风险管控

高海拔地区尤其是高海拔山区，具有沟谷深切、谷坡陡峻、地质断裂、褶皱构造发育等特点，这一地区的地震活动强烈，岩体风化程度深，岩体破碎，松散覆盖层厚度大、分布广，地质环境复杂脆弱，加之部分地区季节性降雨量大、寒冻风化与冻融等作用交替，内外因素叠加形成地质灾害高易发区，对输电线路本质安全提出了很高的要求。

高海拔山区不良地质作用受众多因素的影响，其发生、发展的随机性很大，具有分散性、隐蔽性等特点。工程前期仅靠地质调查与搜资手段难以满足甄别、排查、识别、评价的目的，采用全路径遥感和不良地质作用专题研究，能及早发现影响路径安全的风险点、隐患面，采取避让、优化，提出治理与加固方案。开展全路径遥感和不良地质作用专题研究一般在可研和初步设计等阶段进行。

（二）构造断裂风险管控

对于抗震等级要求高的线路，线路途经区活动断裂发育，应进行地震安评工作。

高海拔尤其藏中及藏东南地区，属于板块运动最剧烈，断裂发育最密集，断裂活动最强烈的地区之一，有雅鲁藏布江深断裂带、班公湖—怒江深断裂带、澜沧江深断裂带、金沙江—红河深断裂带等，主断裂带两侧具有隐伏断裂。区域性的主断裂带控制着水系的发育、地貌的格局、岩体的形成等，这些区域地震活动性强，地震等级高，地震基本烈度高，地震效应明显，属于抗震不利和危险地段，对输电线路塔基基础影响较大，需开展地震安评工作，查清断裂位置、宽度、长度、延伸方向等基本要素，评价断裂的活动性，分析断裂与线路路径、塔位的位置关系，采取跨越、地基处理、抗震等措施。

（三）特殊土的风险管控

高海拔地区岩土种类多、分布广。主要种类有多年冻土、风积沙、软土、盐渍土和碎裂岩体等特殊类岩土，其工程性能决定塔基的地基处理方案和基础型式，特殊类岩土对输电线路的危害主要是弱化和恶化基础持力层，容易引起基础发生水平、竖向变形，进而导致上部塔基发生倾斜、隆起、倾覆等后果。特殊类岩土中尤其是多年冻土和碎裂岩对工程的危害更大，多年冻土主要分布在高海拔高平原地区，碎裂岩体主要分布在高海拔高山峡谷地区，对这两类特殊岩土应开展专门研究。

（四）弃土风险管控

高海拔地区基础开挖和塔基降基将产生大量施工弃土，弃土处置不当将对塔基的稳定性产生影响。弃土处置不当引发的次生灾害主要有诱发地表冲刷、地表浅层滑动、冲沟复活等。此外，弃土就地堆放，在挡土墙、排水沟等岩土工程措施基础时，基底弃土经过降雨浸泡、压缩变形，导致挡土墙、排水沟等变形、失稳破坏，失去功能进而有可能引起塔基附近的原状岩土体随之发生破坏，危害塔基安全。

合理处置弃土的措施主要有：弃土合理外运，岩土治理措施基础附近严禁倾倒弃土（尤其挡土墙、排水沟、喷锚支护、放坡处理等辅助设施基础附近），塔基附近恢复植被（如撒草籽、种植小型植被等起保水固坡作用），基础设计施工采用新工艺、新手段，尽量减少施工弃土，如采用高低腿、高低基础、掏挖基础、岩石锚杆基础和挖孔基础等。

（五）特殊塔位风险管控

特殊塔位指的复杂地质条件下的终端塔、转角塔及三跨（跨江河、跨沟壑、跨路）塔位，对特殊塔提出地基处理、灾害防治、挡墙等辅助岩土措施，提高塔基安全性。塔位的长期稳定性不仅取决于塔基自身及附近环境的稳定性，还受制于周边较大范围内地质环境条件变化的影响，后者往往不被重视或不容易发现，需要对特殊塔位进行交底。

（六）施工过程风险监测

基础开挖引起的风险越来越引起人们的重视，地质风险主要有基坑（槽）及土方施工、基坑（槽）降水、桩基施工等产生的风险。输电线路塔基基础分布“点多面广”，地质勘测点多分散，沿线勘测精度和详细程度难以像建筑物地基那样精确可靠，基础开挖难免会出现地层条件出现不一致和差别，这就需要现场地质勘测人员能够及时地发现，将信息反馈给设计人员，基于新的地质条件重新设计，实现施工安全和工程安全，高海拔输电线路加强地质勘测人员的现场工作，显得十分必要和重要。

第五节　施工阶段专项风险

施工项目均应编制相应的施工组织方案；施工单位在危险性较大的分部分项工程施工前应编制专项方案；对于超过一定规模的危险性较大的分部分项工程，施工单位应当组织专家对专项方案进行论证。

（一）基坑支护与开挖

基坑开挖应根据地层性质、基坑深度、周边环境等条件按照设计要求采取放坡、支护措施等，避免基坑坍塌，造成人员、设备安全事故；对于地质条件复杂的深基坑或开挖深度大于等于 5.00m 深基坑，应进行专项设计，施工单位应根据设计方案编制专项施工方案和安全防护措施，通过专家评审后方可具体实施。

线路基坑应采取支护措施，基坑支护措施包括围护结构、支撑体系、基坑降水、土方开挖、地基加固、监测、环境保护等。

土方开挖应按“分层分段，先撑后挖，及时支护”的原则施工，严禁超挖。

在雨、汛期、冬季等特殊条件下施工，应采取有效的安全防护措施（比如基坑四周设置截、排水措施等)，防止坑内进水，造成坑壁失稳事故。

基坑周边严禁堆载，当重型机械在基坑边作业时，应采取有效防护措施，以免影响基坑安全。

特殊性土深基坑施工应根据当地气候条件、场地工程地质和水文地质条件以及施工条件，因地制宜采取可靠支护措施。

（二）人工掏挖桩

人工挖孔桩及掏挖基础应充分考虑地层分布及工程特性、水文地质条件、有毒有害气体分布、工程场地海拔及地域环境等因素；软土、砂类土、填土或其他特殊土场地应慎用挖孔桩和掏挖基础；特殊地质条件下的人工挖孔桩及掏挖基础，应进行专项设计，采取可靠的护壁、支护以及安全防护措施。

工程条件复杂的人工挖孔桩及掏挖基础施工前，制定可靠的安全施工方案，并通过专家评审后方可实施；要采取防水、防堆载、防扰动振动等措施，按照设计要求进行支护，保证坑壁安全；防范流沙、流泥、有毒气体等风险，保证施工安全。对深度大于 10m 或孔内含氧不足的人工挖孔桩及掏挖基础，应采取送风措施，确保施工人员安全。

（三）施工降水

高海拔地区地下水类型主要为基岩裂隙水，地下水埋藏较深，一般埋深均大于 20m，对工程施工无影响或影响较小。高海拔地区在山间河谷、山间洼地、坡脚等地势较低等部位需采取施工降水。

施工降水将影响岩土体、邻近建筑物、基坑稳定性等，应结合场地水文地质条件、工程地质、基坑开挖、施工环境等，制定切实可行的施工方案，对周边环境监测、降水运行、运行维护等提出工作要求，同时应制定突然断电、突发降雨等极端工况下的应急预案。

施工阶段除了地下水外，还要关注地表水对施工的影响，高海拔地表水来源类型广，应避免在雨季施工，在塔基边坡上要设置截排水措施；在多年冻土区融化期施工要密切监测冻结层上水对坡体的影响。

（四）施工与环境影响

高海拔生态环境系统多样、敏感、脆弱，具有不可逆性；地质环境复杂多变，地质环境与生态环境相互依赖，共同对工程建设产生影响。

高海拔基础施工、道路修建、施工营地建设等会对环境产生扰动，其中基础施工对生态环境和地质环境破坏较大。高陡斜坡基础降基形成的永久边坡，修建道路坡脚开挖诱发溜滑、滑坡，高山草甸及灌木林地地表植被引起水土流失，施工开挖弃土产生的次生地质灾害等，这些问题不及时进行治理，发展下去会产生工程风险，影响塔基安全。施工前应根据可能对环境造成的不利影响，采取措施，合理安排施工，尽量减少对环境的破坏。

第六节　运行阶段风险管控

针对岩土体的本体安全，工程勘察、设计提出了相关的措施，施工阶段按照设计要求进行施工，确保工程安全。岩土体安全是动态变化过程，受外界影响，可能会触发本体结构出现隐患，需要在运行阶段进行风险管控，运行阶段的巡视管理工作，是风险管控最常用和有效的手段。

（1）在线路运行期间，对塔位和工程设施应经常检查和维护，确保所有工程设施发挥有效作用，防止工程设施失效而造成塔基失稳。如塔基防护范围内的排水沟、防护措施等设施要经常检查其是否完好，如发现有损坏情况，应及时清除、修复到原设计状态；检查塔基附近是否有新的不良地质作用，一旦发现应及时处理。

（2）根据运行巡护管理计划，定期检查塔位及其附近植被是否破坏，如破坏程度较大影响塔基稳定性，应及时进行修复。

（3）加强滚石多发地段杆塔的巡视，重点检查杆塔附近有无新近形成的滚石，原有防护措施是否有效，及时加强防护措施。

（4）加强滑坡区杆塔巡视，重点检查塔基及周边树木有没有倾斜、变形；杆塔基础有无塌陷、下沉；基础周围有无裂缝、导地线线夹有无位移等，以便及时调整复位和加固。

（5）在线路运行期间，尽量减少人类活动对线路走廊带生态环境的破坏，如塔基附近开方修路、挖坑取土等。

（6）及时整理各种观测资料和维护记录，随时分析发生事故的可能性，一旦发现塔基下沉或倾斜及其他危及杆塔安全的情况，应及时分析查明原因，提出处理措施，并及时实施。

参 考 文 献

[1] 冯威. 高寒高海拔复杂艰险山区无人机勘察技术应用［J］. 铁道工程学报，2019，36（08）：9－13.

[2] 孙杰，林宗坚，等. 无人机低空遥感监测系统［J］. 遥感信息，2003，（01）：49－50＋27.

[3] 赵思远. 浅析工程地质勘察的野外作业难点与解决策略［J］. 四川建筑，2019，39（02）：348－349.

[4] 马洪生，程刚，等. 四川藏区典型高原软岩隧道关键地质勘察问题研究［J］. 西南公路，2016，（03）：45－48.

[5] 盛兴富，叶为民，等. 高海拔高烈度山区公路路线总体设计浅析［J］. 西南公路，2013，（01）：6－9.

[6] 周敏. 达孜二号隧道洞口滑坡体处治设计［J］. 西南公路，2017，（03）：46－49＋65.

[7] 倪化勇，陈绪钰，等. 达孜二号隧道洞口滑坡体处治高寒高海拔山原区沟谷型泥石流成因与特征——以四川省雅江县祝桑景区为例［J］. 水土保持通报，2013，33（01）：211－215.

[8] 黄勇，杨三强，等. 高寒高海拔山区公路坡面泥石流防治研究［J］. 资源环境与工程，2009，23（S1）：107－110.

[9] 徐腾辉，冯文凯，等. 高寒高海拔山区南门关沟泥石流成因机制分析［J］. 水利与建筑工程学报，2015，13（05）：90－96.

[10] 丁代坡，戴志强，等. 某高海拔地区泥石流防治方案实例［J］. 西部探矿工程，2014，26（11）：3－7.

[11] 罗志勇，熊勇良，等. 适用于高海拔地区输电线路巡检的无人机测试分析［J］. 中国设备工程，2021，（02）：148－149.

[12] FAN ZhuJun. The Design No.10 Geotechnical Investigation Report of 500kV Network Project Between Tibet's Central Region And Changdu Region［R］. XiAn：Northwest Electric Power Design Institute Co.，Ltd.，2016.

[13] 韦立德，安少鹏，等. 输电线路塔基土质边坡稳定性评价的 BP 网络模型［J］. 电力勘测设计，2013，30（2）：17－20.

[14] 赵有余，王永忠，等. 西南山区某高陡斜坡输电线路塔基地质灾害的预防与治理［J］. 土工基础，2014，27（6）：33－37.

[15] ZHAO YouYu，WANG YongZhong，et al. Geological Hazards Prediction and Prevention for Transmission Tower Foundation on Steep Slopes［J］. Soileng and foundation，2014，27（6）：33－37.

[16] 章诚亮. 高压输电线路杆塔基础稳定性分析［J］. 企业技术开发，2013，32（2）：112－114.

[17] 鲁先龙，程永峰. 中国架空输电线路杆塔基础工程现状和展望［A］. 第五届输配电技术国际会议论文集［C］. 北京：中国电力出版社，2005，189－193.

[18] LU XianLong，CHENG YongFeng. Current Status and Prospect of Transmission Tower Foundation Engineering in China［A］. Papers of The 5th International Conference on Transmission and Distribution Technology［C］. BeiJing：China Electric Power Press，2005，189－193.

[19] 朱家良. 输电线路地质灾害危险性评估的基本特点与认识［J］. 电力勘测设计，2006（4）：9－12.

[20] 曹枚根，朱全军，默增禄，等. 高压输电线路防震减灾现状及震害防御对策［J］. 电力建设，2007，28（5）：23－27.

[21] 刘厚键，张旭红. 中国首条750kV输电线路的地质环境稳定性研究［J］. 工程地质学报，2007，15（SI）：328－332.

[22] 刘滨，尹镇龙，曾渠丰，等. 浅论电力工程地质灾害危险性评估［J］. 岩土工程界，2003，6（8）：27－29.

[23] 李渝生. 雅砻江（雅江—打罗段）岸坡崩塌、滑坡地质灾害形成条件及典型实例分析［J］. 地质灾害与环境保护，1992（02）：30－39＋46.

[24] 李森，王跃，哈斯，杨萍，靳鹤龄. 雅鲁藏布江河谷风沙地貌分类与发育问题［J］. 中国沙漠，1997（04）：10－18.

[25] 李森，董光荣，申建友，杨萍，刘贤万，王跃，靳鹤龄，王强. 雅鲁藏布江河谷风沙地貌形成机制与发育模式［J］. 中国科学（D辑：地球科学），1999（01）：88－96.

[26] 刘淑珍，范建容，朱平一，文安邦，周麟. 西藏自治区雅鲁藏布江中游地区环境灾害成因分析［J］. 自然灾害学报，2001（02）：25－30.

[27] 鲁安新，邓晓峰，赵尚学，王丽红，张盈松，蒋熹. 2005年西藏波密古乡沟泥石流暴发成因分析［J］. 冰川冻土，2006（06）：956－960.

[28] 骆银辉. 三江并流区地质环境问题研究［D］. 北京：中国地质大学，2009.

[29] 李宗敏．怒江河谷潞江段工程地质环境研究［D］．北京：中国地质大学，2010．

[30] 米玛．川藏公路田妥—怒江段滑坡稳定性分析和灾害治理［D］．重庆交通大学，2010．

[31] 余忠水，德庆卓嘎，马艳鲜，邓荣昌，罗布次仁．西藏波密天摩沟“9·4”特大泥石流形成的气象条件［J］．山地学报，2009，27（1）：82－87．

[32] 胡桂胜，陈宁生，邓明枫，王元欢．西藏林芝地区泥石流类型及形成条件分析［J］．水土保持通报，2011，31（02）：193－197＋221．

[33] 王高峰．基于遥感技术的西藏雅江（米林—加查段）泥石流源地特征分析［D］．成都理工大学，2011．

[34] 夏远志．川藏公路南线然乌至培龙段冰湖溃决泥石流分布规律及形成机制研究［D］．重庆交通大学，2012．

[35] 胡桂胜，陈宁生，邓虎．基于 GIS 的西藏林芝地区泥石流易发与危险区分析［J］．水土保持研究，2012，19（03）：195－199＋301．

[36] 何果佑，白武军，向天葵，李冰妮．浅析西藏东南部地区地质灾害的形成机理及分布规律［J］．资源环境与工程，2012，26（05）：483－488．

[37] 王孔伟，邓成进，张帆．中国西南雅砻江流域唐古栋滑坡及雨日堆积体形成机理分析［J］．工程地质学报，2012，20（06）：955－970．

[38] 杨奇超，袁广祥，高昂．川藏公路八宿至林芝段堆积体边坡的治理措施及其效果分析［J］．地质灾害与环境保护，2012，23（04）：41－45．

[39] 余苗，禤炜安，成志强．国道 G318 线（西藏段）山区公路泥石流防治措施［J］．中外公路，2014，34（01）：28－31．

[40] 杨笑男．基于 GIS 的青藏铁路拉日段地质灾害危险性预测评价［D］．北京：中国地质大学，2014．

[41] 毛雪松，王楠，高胜雨，梁杰．川藏公路南线（西藏境）松散堆积体类型［J］．长安大学学报（自然科学版），2014，34（05）：8－14．

[42] 刘哲．基于 GIS 的雅砻江流域麦地龙—卡拉段地质灾害危险性评价［D］．成都理工大学，2015．

[43] 张文忠．拉日铁路主要地质问题及成因分析［J］．铁道工程学报，2015，32（04）：16－20．

[44] 屈永平，朱静，卜祥航，常鸣，唐德胜．西藏林芝地区冰川降雨型泥石流起动实验初步研究［J］．岩石力学与工程学报，2015，34（S1）：3256－3266．

[45] 李志威，王兆印，余国安，王旭昭，张晨笛. 雅鲁藏布大峡谷水电开发对边坡稳定性的影响[J]. 山地学报，2015，33（03）：331－338.

[46] 孙兴伟，林金洪. 西藏大古水电站冰水堆积体稳定性研究［A］. 中国地质学会工程地质专业委员会. 2015 年全国工程地质学术年会论文集［C］. 中国地质学会工程地质专业委员会：《工程地质学报》编辑部，2015：5.

[47] 屈永平，唐川，刘洋，常鸣，唐德胜. 西藏林芝地区冰川降雨型泥石流调查分析［J］. 岩石力学与工程学报，2015，34（S2）：4013－4022.

[48] 吕立群，王兆印，漆力健，韩鲁杰. 西藏古乡沟泥石流堰塞湖演化规律［J］. 泥沙研究，2015（05）：14－18.

[49] 张斌斌. 帕隆藏布流域海洋性冰川区泥石流特征研究［D］. 西南交通大学，2016.

[50] 马国涛. 西藏某冰水堆积体开挖边坡稳定可靠度分析［D］. 西南交通大学，2016.

[51] 田小平. 川藏公路然乌—波密段泥石流发育特征及危险性评价［D］. 西南科技大学，2016.

[52] 周航. 雅鲁藏布江大古河段冰水堆积物特征及本构模型研究［D］. 成都理工大学，2016.

[53] 申少华. G318 国道林芝—波密段堆积体特征及边坡破坏模式研究［D］. 西南交通大学，2016.

[54] 崔佳慧，陈兴长，田小平. 川藏公路然乌——波密段泥石流分布规律和发育特征［J］. 西南科技大学学报，2017，32（01）：31－36.

[55] 张振. 林芝地区冰水堆积体本构模型及物理力学性能研究［D］. 成都理工大学，2017.

[56] 罗威. 堆积层滑坡变形破坏机制分析及支挡结构数值模拟［D］. 西南交通大学，2017.

[57] 央金卓玛. G318 拉萨至尼木段公路地质灾害危险性评价研究［D］. 西南交通大学，2017.

[58] 贾利蓉. 藏东地区藏曲流域复杂古堆积体稳定性研究［D］. 西南科技大学，2017.

[59] 尹维林. 西藏扎拉水电站右坝肩反倾板岩边坡变形破坏特征及开挖稳定性研究［D］. 成都理工大学，2018.

[60] 钟鑫，赵德军，黎厚富. 西藏波密县卡达沟泥石流发育特征及危险性评价［J］. 人民长江，2018，49（S2）：103－107.

[61] 袁昕亚. 雅鲁藏布江流域典型冲积河段河床演变初探［D］. 长沙理工大学，2019.

[62] 向龙. 扎木弄沟潜在不稳定斜坡稳定性研究［D］. 成都理工大学，2018.

[63] 郭礼波，郭永翔，王建国. 川藏输电线西藏段杆塔地质灾害分析［J］. 云南水力发电，2019，35（01）：17－19.

[64] 钱闪光，李云，侯克鹏，杨志全．怒江某滑坡形态与稳定性分析［J］．有色金属设计，2019，46（01）：86－90.

[65] 詹美强，葛永刚，贾利蓉，严华．藏东德弄弄巴古滑坡堆积体物理力学特征及稳定性分析［J］．现代地质，2019，33（05）：1118－1127.

[66] 刘慧，李晓英，夏翠珍，姚正毅．雅鲁藏布江河谷加查—米林段沙丘成因［J］．中国沙漠，2020，40（03）：16－26.

[67] 高波，张佳佳，王军朝，陈龙，杨东旭．西藏天摩沟泥石流形成机制与成灾特征［J］．水文地质工程地质，2019，46（05）：144－153.

[68] 童龙云，张继，孔应德．西藏定日朋曲流域达仓沟冰湖溃决泥石流特征［J］．中国地质灾害与防治学报，2019，30（06）：34－39＋48.

[69] 王伟宇，李俊，赵苑迪．降雨频率与泥石流暴发频率关系研究——以2015年8月西藏扎木弄沟泥石流为例［J］．甘肃科学学报，2020，32（01）：60－65.

[70] 赵永辉．中国西藏雅鲁藏布江色东普沟滑坡—堵江堰塞湖事件研究［J］．河北地质大学学报，2020，43（03）：31－37.

[71] 杨奚，鲁少强，符必昌．昌都市卡诺区马草坝不稳定斜坡灾害防治措施［J］．地质灾害与环境保护，2020，31（02）：34－39.

[72] 杨军怀，夏敦胜，高福元，王树源，陈梓炫，贾佳，杨胜利，凌智永．雅鲁藏布江流域风成沉积研究进展［J］．地球科学进展，2020，35（08）：863－877.

[73] 柴波，陶阳阳，杜娟，黄平，王伟．西藏聂拉木县嘉龙湖冰湖溃决型泥石流危险性评价［J］．地球科学，2020，45（12）：4630－4639.

索　引